ジオコスモスの変容

デカルトからライプニッツまでの地球論

山田俊弘

TOSHIHIRO YAMADA

ヒロ・ヒライ 編集

勁草書房

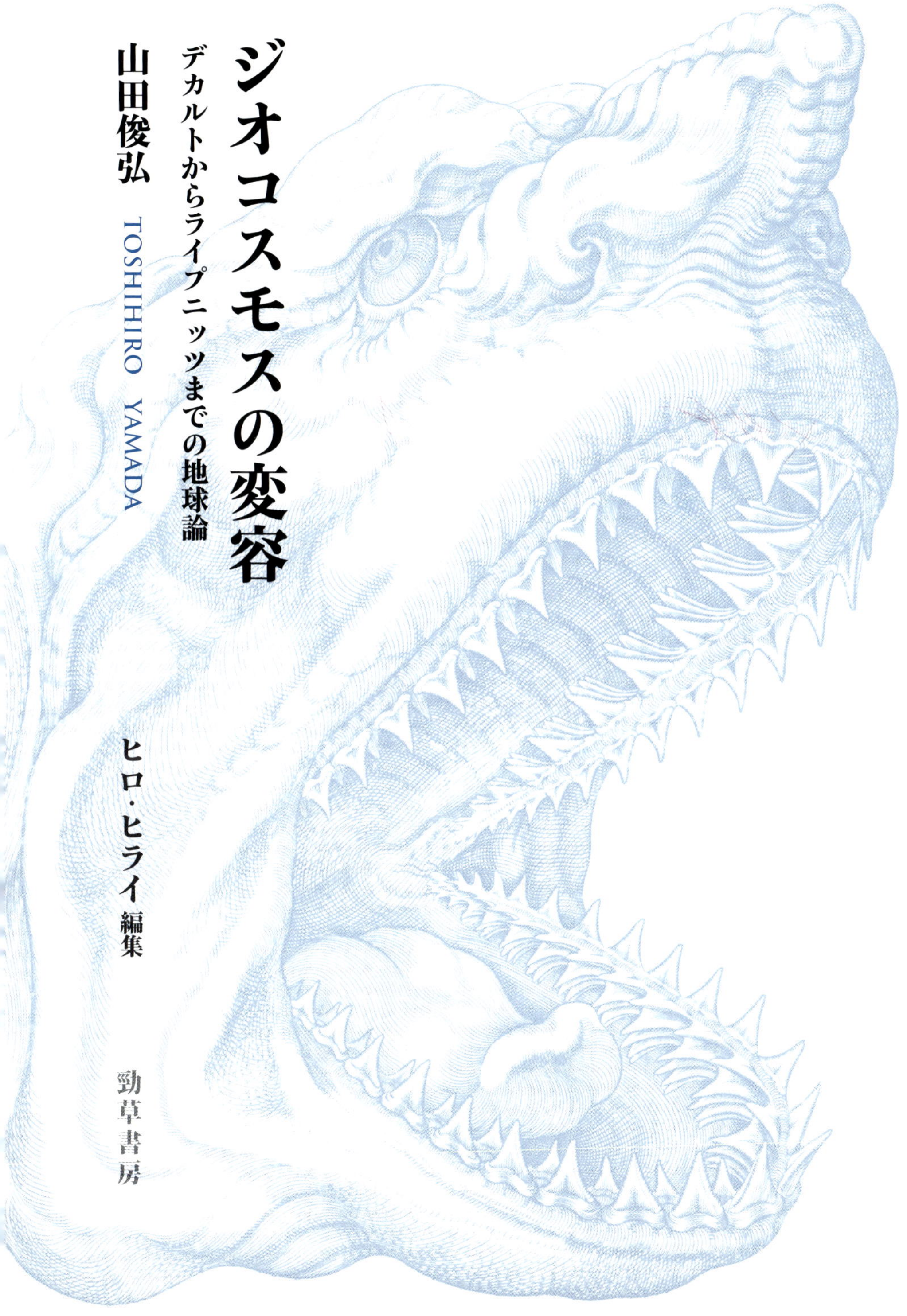

bibliotheca hermetica 叢書

ジオコスモスの変容

デカルトからライプニッツまでの地球論

bibliotheca hermetica 叢書の発刊によせて

ヒロ・ヒライ

従来、思想史・哲学史とよばれるジャンルでは特定のテクストの解釈に重点がおかれ、それぞれのテクストが成立する背景にあった「知のコスモス」の把握には必ずしも十分な関心がはらわれてこなかった。ある思想家を理解するためには、テクストを読みこむだけではなく、その背景にある歴史的な文脈（コンテクスト）を把握することが必須である。一方、歴史学では政治・経済・制度の研究が主流であったが、近年では文化的な側面もクローズ・アップされてきた。インテレクチュアル・ヒストリーはその一歩先にあるものだ。そこでは、個々の思想家だけではなく、文学・芸術作品、さらには政治的な事象までもが研究の対象とされる。特徴的なのは、各作品や出来事が成立するさいの知的文脈の理解に大きな努力がはらわれることである。つまり、インテレクチュアル・ヒストリーとは歴史学と哲学のあいだに存在し、歴史学者の時間軸にたいする感性と哲学者のテクストのなかに入りこむ浸透力のふたつを同時に必要とするジャンルなのだ。

職業的専門家の出現により学問の細分化がおこなわれたのが近代ならば、それ以前の知的世界は多様な要素が複雑に絡みあっており、その探求にはおのずから分野横断的な視点が求められる。哲学、科学、宗教、文学、芸術といった各分野の枠内で論じられていた多様な主題が追求されなければならず、これらの主題はたがいに交錯しあい、密接に関連していたことが理解されるであろう。こうした時代の知的世界の研究にとってインテレクチュアル・ヒストリーの手法はうってつけといえる。

分野ごと、さらには対象となる文化圏ごとに縦割りにされがちな本邦の学問伝統においては、そのような方向性をもつ研究を発表する特別な場所の確立が真に望まれている。本叢書は、この要請に真摯にこたえようとするものである。研究者たちに発表の機会を提供するだけでなく、その成果を受けとるオーディエンスそのものを育てていくことも目的としている本叢書には、国内の研究者によるオリジナル作品とともに、海外の優れた研究書や重要な原典の翻訳がおさめられることになるだろう。

インテレクチュアル・ヒストリーを専門にあつかうインターネット・サイト『ヘルメスの図書館』bibliotheca hermetica（略称 BH） http://www.geocities.jp/bhermes001/ が一九九九年に開設されてから十余年が経過し、その活動をとおして世界各地に散らばる希望の種子たちが出会い結びつくことで大きな知的ネットワークが生まれた。そこから育ったものたちは成果を世に問う段階に達している。おりしも、新しい研究者の組織 Japanese Association for Renaissance Studies（JARS）が設立され、本邦における研究体制の基盤も整いつつある。本叢書の発刊は好機を得たといってよい。

天才カルダーノや放浪の医師パラケルスス、そして最後の万能人キルヒャーに代表される、あらゆる領域に手をそめ、優れた業績を残した人物やその作品世界を読み解くことは、分野横断的なインテレクチュアル・ヒストリーの独壇場である。本叢書が、この手法の豊かさと奥深さ、とくにその多様性をもってして、大いなる知の空間を表象する『ヘルメスの図書館』となることができれば幸いである。

目次

凡例

一、引用においては、邦訳を参照する場合にも原典にかんがみて表記を微調整してある。

一、ラテン語の表記は原則として綴りを標準化し、ｉ／ｊとｕ／ｖはｉとｕにそろえた。大文字の使用についても標準化した。

一、近代以前の書物のタイトルは長く複雑であるため、適宜簡略化している。

一、引用では、原典の著作家自身による補足には（　）を、筆者による補足には［　］をもちいた。

同じひとつの都市でも異なった方面から眺められると、まったく違ってみえ、景色としてはあたかも何倍にもされたかのようにみえる。それと同じく、単純な実体がかぎりなく多くあるために、あたかも同じくらい異なった宇宙があるようにみえるが、それはただひとつの宇宙の諸景色がそれぞれのモナドの異なった視点からみられたものにほかならない。

ライプニッツ『モナドロジー』第五七節

プロローグ――科学革命の時代の地球観

近代科学の創始者であるガリレオ（Galileo Galilei, 1564-1642）やニュートン（Isaac Newton, 1643-1727）といったヨーロッパの学者たちが活躍した世紀は、科学革命の時代と呼ばれる。この時代には、天動説と地動説という新旧の世界体系をめぐって論争が繰りひろげられた。こうした大変革期に、人間活動の基盤となる大地はどのように理解されていたのだろうか。新しい自然の探究法を確立しようとした人々にとって、地球についての議論はどのような位置を占めていたのだろうか。この時代をとおして彼らの地球像はどのように変化したのだろうか。そして、この変化は当時のさまざまな思潮とどのような関係をもっていたのだろうか。これら一連の問いにはまだ明確な答えが与えられていない[1]。

この変革期における地球観の変化を、すぐ前の時代であるルネサンス期の「ジオコスモス」geocosmos像

（1）J・ヘンリー『一七世紀科学革命』東慎一郎訳（岩波書店、二〇〇五年）；P・ディア『知識と経験の革命：科学革命の現場で何が起こったか』高橋憲一訳（みすず書房、二〇一二年）を参照。

の変容ととらえて探究するのが本書の目ざすところとなる。百年にわたる物語の展開には、デンマーク人のステノ（Nicolaus Steno, 1638-1686）という人物が重要な役割をはたす。彼をこの「地球」をめぐる航海の案内人にみたて、その仕事を縦糸として当時の知識人たちの考えと葛藤を浮かびあがらせたい。以下ではまず、この時代の地球像が従来どのように描かれてきたかを概観し、本書のアプローチについて説明しよう。

1　地球をめぐる学問

中世末期のヨーロッパでは一般に、「大地」terra は球形であり、宇宙の中心にあると考えられていた。そしてこの地球についての議論は、古代からいくつかの分野でおこなわれている。たとえば地理学は大地の形状とそこに住む人々の生活を記述し、気象学は月下の世界の諸現象をあつかった。また動物・植物・鉱物の三界を記載する自然誌は、自然界にあふれる個別の事物について考える素材を提供した。一七世紀にはいると、このような古代からの伝統的な枠組みが再検討され、地球をひとつの統一体として考える新しい学知が姿をあらわしてくる。本書では、これを「地球論」と呼ぼう。

ところで現代の「地球科学」は、地理学や気象学、鉱物学、地質学、地震学、火山学、海洋学など多くの分野にわかれ、それぞれの視点と方法で研究がおこなわれている。[2] これまでこうした諸学問の歴史は、しばしば広義の「地質学《ジオロジー》」の名のもとに語られてきた。[3] だが実際のところこれは地殻についての学問であり、一八世紀の後半から一九世紀の初頭にかけて成立したとされる。では、それより前の時代はどのように描かれるべきなのだろうか。じつは、この学問の起源を科学革命の時代にまでさかのぼらせる試みがなされてきた。[4]

天文学者コペルニクス（Nicolaus Copernicus, 1473-1543）が提唱した地動説、すなわち太陽中心説に由来する世界観の変革は、地球を世界の中心から追いやり、一個の惑星としての地位を与えた。これが科学革命の起点だとすれば、地球論の誕生はその帰結となる。[5] なるほど、本来なら地球論を意味する「ゲオロギア」geologia という言葉は一七世紀の初頭から使われはじめている。しかし当時の書物を丹念にひも解くと、物語はそれほど単純ではないとわかる。地球についての思索には長い歴史があり、宇宙と地球の関係は思ったほど簡単ではなさそうなのだ。

（2）各分野の歴史は Gregory A. Good (ed.), *Sciences of the Earth: An Encyclopedia of Events, People, and Phenomena* (New York: Garland, 1998) を参照。

（3）David Oldroyd, *Thinking about the Earth: A History of Ideas in Geology* (London: Athlone, 1996); G・ゴオー『地質学の歴史』菅谷暁訳（みすず書房、一九九七年）を参照。

（4）François Ellenberger, *Histoire de la géologie* (Paris: Lavoisier, 1988-1994), I; Oldroyd (1996), ch. 3.

（5）M・J・S・ラドウィック『化石の意味：古生物学史挿話』菅谷暁・風間敏訳（みすず書房、二〇一三年）、九八―九九頁。ゴオー（一九九七年）、第三章も参照。

2　従来の研究と本書のアプローチ

一七世紀のヨーロッパには、専門家としての地球科学者はいなかった。したがって当時の地球観の変遷を特定の分野の歴史として描くことはできない。一方で、地球についての議論をふくんだ多様な著作が出版されていた。

たとえば英国の神学者バーネット（Thomas Burnet, c.1635-1715）は、みずからのアルプス旅行をきっかけとして大著『地球の聖なる理論』*Telluris theoria sacra*（ロンドン、一六八一年）を執筆した。[6] ここで彼は、地球の創造から終末までを七段階に区別して「自然神学」theologia naturalis といわれる立場から説明している（**図1**）。聖書の物語にそって地球の過去・現在・未来をドラマティックに開示してみせる筆力は、多くの人々を魅了した。彼の著作は英国を中心にひろく読まれ、ニュートンをはじめとする知識人たちの思考を刺激した。一六世紀までの伝統と新しい科学の成果が交錯する点で興味のつきない作品といえよう。

こうした書物は一九世紀の初頭まで出版されつづけ、ひとつの伝統を形成した。ところが内容の評価となると、宗教の束縛と科学性の対比が強調され、前者から後者への移行として図式化されがちだ。[7] 実状はもっ

（6） Thomas Burnet, *Telluris theoria sacra* (London, 1681). またM・H・ニコルソン『暗い山と栄光の山』小黒和子訳（国書刊行会、一九八九年）も参照。

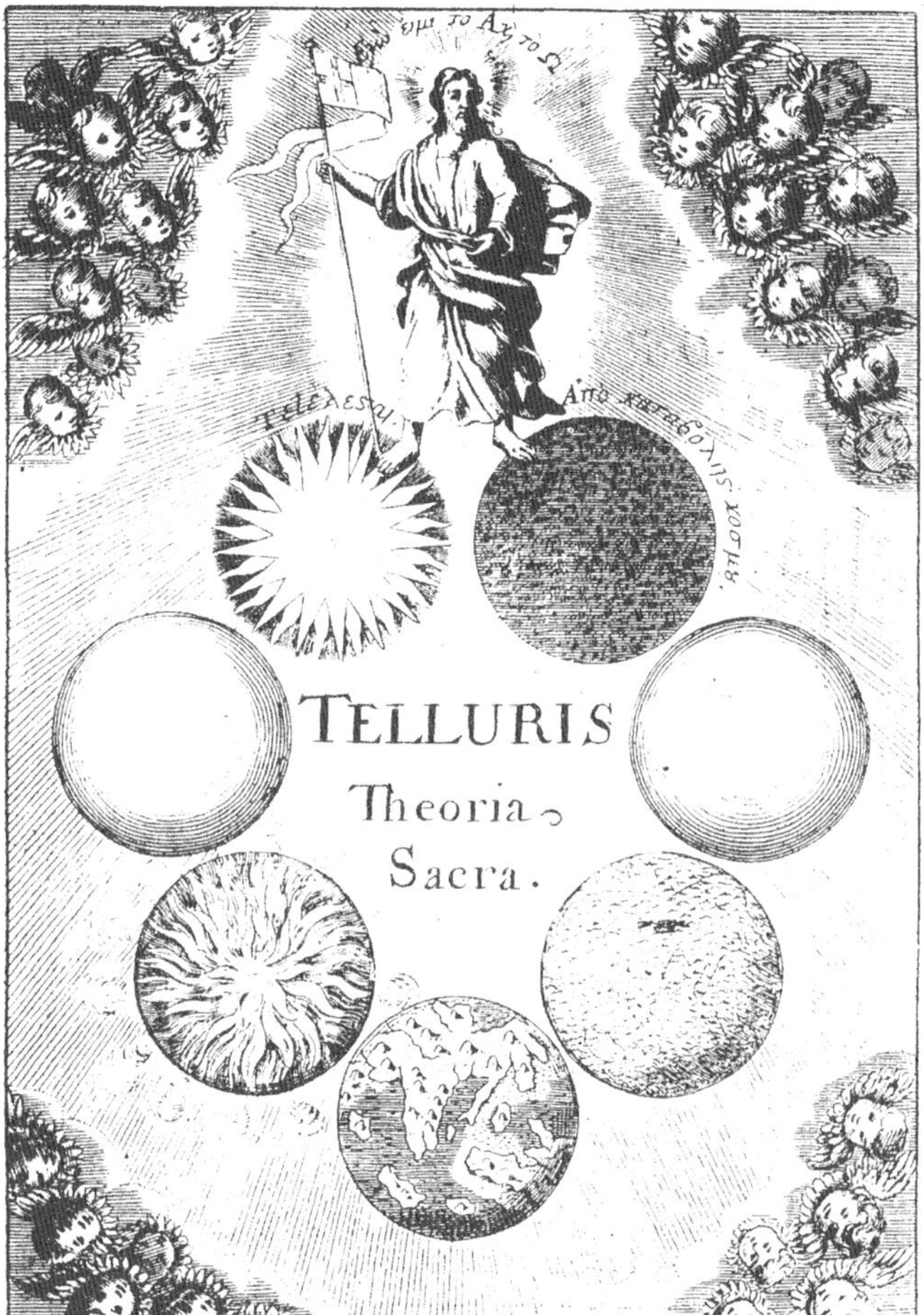

図1. バーネット『地球の聖なる理論』（第二版）の口絵

と複雑であり、ルネサンス期のジオコスモス観が保持されている一方で、新しい科学的な知見が採用されてもいる。(8) さらに哲学の歴史では、これらの要素が当時の運動論や宇宙論と関連づけられたとしても、地球観の変遷の意義までには考察がおよばない。(9)

大地の事物の観察から地球の過去を思索する行為は、ルネサンス期はおろか古代・中世にまでさかのぼる。しかし古い世代の歴史家は鉱物や化石、造山運動といった個別のテーマにそったテクストだけを選びがちであり、そうした傾向は一七世紀をあつかう場合でさえ依然としてみられる。(10)

このような手法が疑問視される一九七〇年代に入ると、古いテクストをそれぞれの時代の思潮や文化の文脈において評価する語り口が重視されるようになる。古生物学者でもあったM・ラドウィックは、博物学者ゲスナー（Conrad Gesner, 1516–1565）に光を当て、当時の標本コレクションのあり方を描きだした。(11) だが化石をめぐる論争に考察を絞ったために、論争の土台にあった地球観にまで目配りできていない。

他方で科学史家D・オールドロイドは、ルネサンス期から近代までの物質観の変遷に着目して鉱物学の歴史に見通しを与え、当時の地球論にもしばしば言及している。しかし物質論と地球論をつなぐ回路の解明は不十分であり、地球観の変容を描きだせてはいない。(12) また地理学や歴史学における変革を強調する問題提起も、この時代の地球論との関係について明確化できているとはいいがたい。(13)

現代的な地球像や科学史における多様な手法を反映してか、さらに現在ではさまざまなアプローチが試みられている。啓蒙期にいたる地球の歴史のあつかいを追跡したり、『創世記』で描かれる天地創造の解釈における戦略を分析したりする研究もある。(14) しかし一七世紀の地球論という観点からは、かえって議論は分散してしまっているのも事実だろう。

（7）William B. Ashworth, Jr. & Bruce Bradley, *Theories of the Earth 1644-1830: The History of a Genre*（Kansas City: Linda Hall Library, 1984）. またS・J・グールド『時間の矢・時間の環：地質学的時間をめぐる神話と隠喩』渡辺政隆訳（工作舎、一九九〇年）の批判も参照。

（8）A・G・ディーバス『近代錬金術の歴史』川﨑勝・大谷卓史訳（平凡社、一九九九年）を参照。

（9）小林道夫編『哲学の歴史 5』（中央公論新社、二〇〇七年）を参照。

（10）Frank D. Adams, *The Birth and Development of the Geological Sciences*（New York: Dover, 1938/1954）; Gabriel Gohau, *Les sciences de la Terre aux XVIIe et XVIIIe siècles*（Paris: Albin Michel, 1990）.

（11）ラドウィック（二〇一三年）、第一章を参照。

（12）David Oldroyd, "Some Neo-Platonic and Stoic Influences on Mineralogy in the Sixteenth and Seventeenth Centuries," *Ambix* 21（1974）, 128-156; idem, "Mechanical Mineralogy," *Ambix* 21（1974）, 157-178.

（13）Reijer Hooykaas, "The Rise of Modern Science: When and Why?," *British Journal for the History of Science* 20（1987）, 453-473; Paolo Rossi, *The Abyss of Time: The History of the Earth and the History of Nations from Hooke to Vico*（Chicago: University of Chicago Press, 1984）.

（14）Rhoda Rappaport, *When Geologists Were Historians, 1665-1750*（Ithaca: Cornell University Press, 1997）; Gary D. Rosenberg（ed.）, *The Revolution in Geology from the Renaissance to the Enlightenment*（Boulder: Geological Society of America, 2009）; Kerry V. Magruder, "The Idiom of a Six Day Creation and Global Depictions in Theories of the Earth," in *Geology and Religion: A History of Harmony and Hostility*, ed. Martina Kölbl-Ebert（London: Geological Society, 2009）, 49-66.

こうした先行研究における問題点を考慮しつつ、本書では異なった視点を提示したい。科学革命の時代のヨーロッパで誕生した地球論の系譜を、デカルト（René Descartes, 1596-1650）からライプニッツ（Gottfried Wilhelm Leibniz, 1646-1716）にいたる「新科学」scientia nova あるいは「新哲学」philosophia nova の動向と関連づけてたどるのである。新科学・新哲学はガリレオやデカルトが提唱した自然を探求するための新しい方法で、これこそが科学革命の推進力だった。

まず第一章では、さまざまな学問分野に散見される地球像からルネサンス期のジオコスモス観を復元する。おもに地理学や自然誌、鉱山学といった知識の収蔵庫としての領域が分析の対象となるだろう。

一七世紀の地球論は、新科学の勃興と切り離せない。第二章は、この関係の起点としてデカルトの『哲学原理』を『気象学』と関係づけながら考察する。そして彼の機械論的な体系に、論敵ガッサンディ（Pierre Gassendi, 1592-1655）の考えを対置させる。とくに後者の「哲学的な遺書」に着目しながら、その歴史的・自然誌的なアプローチを浮きぼりにする。これらの作業によって、宇宙論にたいして地球論が独自の位置を与えられる経緯があきらかになるだろう。気象学的な領域がどのように変化していったかが注目点となる。

第三章では、ルネサンス的なジオコスモス観の継承者とみなされるイエズス会士キルヒャー（Athanasius Kircher, 1602-1680）の著作を分析する。有名な主著『地下世界』だけではなく、磁気についての著作に焦点を当て、彼の百科全書的な知識体系と地球論の関係を探る。とくに彼の『マグネス』は、マクロコスモスとミクロコスモスの両世界にくわえて、月下界の地球世界、つまりジオコスモスに独自の地位を与えている点で特筆すべきだろう。

つづいて第四章では、新科学の成果をもとに新たな地理学を提唱したヴァレニウス（Bernhardus Varenius, 1622-1650）の著作を考察する。彼の著作には、イエズス会やオランダの東インド会社がもたらした地理的な知見がふんだんに利用されており注目に値する。ここまでの各章の議論で、一七世紀半ばの状況を総括できるだろう。新しい地理学と地球観との関係が焦点となる。

つぎに見逃せないのが、ステノとならんで高く評価されている英国人フック（Robert Hooke, 1635-1703）の業績だろう。第五章では彼の有名な『ミクログラフィア』と死後出版の地震論を吟味し、つづいて第六章ではステノの最初期の論考から主著『プロドロムス』にいたる達成を考察する。ステノはみずからの研究の領域を「自然学と地理学」physica et geographia ととらえた。これら二章の議論をとおして、一六六〇年代に彼らが直面していた課題が明確になるだろう。自然誌コレクションにたいする両者の態度をみれば、彼らがどのように地球の歴史の再構成にむかったのかが示されるだろう。ステノにおいては、医学・解剖学の観点からミクロコスモスとジオコスモスとの関係が注目される。

ステノと親交のあったスピノザ（Baruch de Spinoza, 1632-1677）は、テクスト批判にもとづいて聖書の歴史にむきあう方法を示した。これは、歴史性を組みこもうとしていた当時の地球論にとっても重要な意味をもっていた。この観点から第七章は、スピノザの聖書解釈の方法と自然の事物から地球の歴史を再構成するステノの方法を比較する。両者に共通する歴史性の問題が鍵となる。前章から次章にかけての展開が本書の核だといってよい。

さらにステノとスピノザの双方の仕事に関心をいだき、『プロトガイア』という地球論書を執筆したライプニッツは、この新たに生まれた学問領域を「自然地理学」geographia naturalis と呼んだ。物語を締めくくる第八章は、ライプニッツの対象・方法・応用がどのようなものだったのか、そして彼がステノの提案した変革をどのように継承したのかを考察する。

デカルトからライプニッツにいたる一連の知識人たちが提出した地球論の変遷をたどり、これまで見落とされてきた科学革命の一側面に光を投じるのが本書の最終的な目標となる。ひとつの統一体とみなされた地球、すなわちジオコスモスは彼らの重要な関心事だったのだ。

3 ステノの生涯

ここで、本書の案内役をつとめるステノの生涯をたどっておこう。[15] バロックの時代に生きた彼の足跡は、ヨーロッパの各所におよぶ。ステノは新科学の推進者であると同時に、熱心な宗教家でもあった。これは当時の知識人にあっては特別ではなく、フランスの哲学者パスカル（Blaise Pascal, 1623-1662）や英国の植物学者レイ（John Ray, 1627-1705）と比較されもする。しかしステノの場合、カトリック教徒としての活動から一九八八年に列聖されたという点が特筆できるだろう（図2）。

3-1 コペンハーゲン時代

ステノが誕生から大学の卒業まで過ごした町コペンハーゲンは、デンマーク王国の首都である。生家は金細工商を営み、宮廷にも納品していた。六歳のときに父が亡くなったが、母の再婚相手もまた金細工商だった。聖母マリア学校では、のちにコペンハーゲン大学の教授になるボリキウス（Olaus Borrichius, 1626-1690）の薫陶をうけている。

ステノは一六五六年にコペンハーゲン大学に入学を許可され、おもに医学や自然学、数学を勉強する。教授には医学者トマス・バルトリン（Thomas Bartholin, 1616-1680）がいた。その弟エラスムス（Erasmus Bartholin, 1625-1698）はオランダで学んだ数学者でもあり、デカルトの教えをステノに伝えた。一方のボリキウスは、錬金術の伝統や新しい科学書に注意をむけさせた。個人博物館で有名なウォルミウス（Olaus Wormius, 1588-1654）はすでに亡くなっていたが、所蔵品をみる機会はあっただろう。

ステノが大学に入学した翌年に、デンマーク王フレデリク三世（Frederik III, 1609-1670）はスウェーデンに宣戦布告する。軍事国家として「大国の時代」にあった敵方は、三〇年戦争後の財政問題を解決するためにバルト海全域の支配を確立しようとしていた。デンマーク軍はコペンハーゲンを陥落されそうになるが、市民が反撃して防衛した。ステノは学生連隊に所属してこの防衛戦に参加している。こうした事情で学生生

（15） Gustav Scherz, *Niels Stensen: Eine Biographie* (Leipzig: St. Benno, 1987-1988), I-II［第一巻の英訳は *BOP*, 5-344］; Troels Kardel, *Steno, Life-Science-Philosophy* (Copenhagen: Danish National Library, 1994); A・カトラー『なぜ貝の化石が山頂に？：地球に歴史を与えた男ニコラウス・ステノ』鈴木豊雄訳（清流出版、二〇〇五年）; 山田俊弘「ニコラウス・ステノ、その生涯の素描：新哲学、バロック宮廷、宗教的危機」『ミクロコスモス：初期近代精神史研究』（月曜社、二〇一〇年）、二三六―二五三頁を参照。

図 2. ステノの肖像（1673 年ごろ）

活は落ちつかず、大学の講義もほとんどなかった。しかし彼は、少人数の学生サークルに属してボリキウスの導きで先進的な勉強をしていた。五九年に作成された『カオス手稿』*Chaos-Manuscript* と呼ばれる読書ノートは、学習の一端を垣間みせてくれる[16]。

3-2　オランダ留学

大学を卒業したステノは、一六六〇年の春からオランダに遊学する。アムステルダムでは、トマス・バルトリンの知人であった解剖学者ブラシウス（Gerard Blasius, 1626-1692）のもとで勉学をつづけ、研究者としての一歩を踏みだした。しかし、ヒツジの頭部を解剖したさいに耳下腺管を発見したのを契機に、指導者として優先権を主張したブラシウスと争うことになる[17]。

夏になってライデン大学に入学を許可されると、医学者のシルヴィウス（Franciscus de le Boë Sylvius, 1614-1672）やホルニウス（Johannes Hornius, 1621-1670）、数学やアラビア学にも精通したゴリウス（Jacobus Golius, 1596-1667）らのもとで学んだ。ライデン時代には、とくに解剖の腕を磨いたという。友人には昆虫研究で有名になるスワンメルダム（Jan Swammerdam, 1637-1680）や発生学のフラーフ（Regnier de Graaf,

(16) Nicolaus Steno, *Chaos: Niels Stensen's Chaos-manuscript, Copenhagen, 1659*, ed. August Ziggelaar (Copenhagen: Danish National Library, 1997).

(17) Francis J. Cole, *A History of Comparative Anatomy: From Aristotle to the Eighteenth Century* (New York: Dover, 1975), 150-155.

1641-1673）がいた[18]。六一年にはヨーロッパ中を遊学していた師ボリキウスがライデンに到着し、以降パリをへてイタリアにいたるまで要所で旅程を交えながら師弟の交流がつづく[19]。

ステノは幾何学にも大きな関心をいだき、解剖学を断念しようと考えた時期があった。しかしデカルトの幾何学を応用した『人間論』*De homine*（ライデン、一六六二年）が出版されたのを契機に、ふたたび解剖学に専念し、とくに動物の心臓が筋繊維であるのを見出した[20]。さらに、さまざまな動物を研究の対象として比較解剖学的な手法を身につけていった。

この時期ステノはスピノザとも面識を得ている。ルター派一色のコペンハーゲン出身の彼は、オランダの宗教的な多様性と寛容さに触れて衝撃をうけた。とくに六二年から翌年にかけての冬には「信仰の危機」に見舞われたという。この体験は疑いなく彼の後半生に影響をおよぼしていく。

3-3　パリからフィレンツェへ

ステノは一六六三年にパリにむかった。スワンメルダムとともに、のちにフランス王ルイ一四世（Louis XIV, 1638-1715）の侍従となるテヴノー（Melchisédeck Thévenot, 1620-1692）のサロンに出入りしている。王の侍医ボレル（Pierre Borel, c. 1620-1689）やフランス学士院の創立者シャプラン（Jean Chapelain, 1595-1674）といった著名人とも会っている。この時期の彼の研究として、脳の構造についての講義は注目に値する。ステノは解剖にもとづく事実を示して、デカルトやウィリス（Thomas Willis, 1621-1675）の理論を批判した。ステノトスカーナ大公フェルディナンド二世（Ferdinando II de' Medici, 1610-1670）への推薦状をもって、ステノは六五年にパリを離れた。同年末にはモンペリエで、外遊中の自然誌家リスター（Martin Lister, 1639-1712）や医学者クルーン（William Croone, 1633-1684）ら英国の学者たちと交流している。そして翌年にトスカーナ大公の宮廷に迎えられた。

フィレンツェには大公の弟レオポルド（Leopold de' Medici, 1617-1675）によって設立された「実験アカデミー」Accademia del Cimento があった。そこではガリレオ最後の弟子ヴィヴィアーニ（Vincenzo Viviani, 1622-1703）や自然学者レディ（Francesco Redi, 1626-1697）に歓迎され、知的な刺激にみちた活躍の場を与えられた(21)。また大公の侍医や聖マリア・ヌオヴァ病院長にも任命されている。科学に強い関心をもった大公の庇護のもと、ステノは不自由を感じず研究に専念できた。こうした環境のなかで、彼はカトリックに改宗する。

ライデン時代に心臓をあつかっていたことから、ステノは筋肉の重要性を認識していた。モンペリエで会

（18）当時のオランダの科学については、K・ファン・ベルケル『オランダ科学史』塚原東吾訳（朝倉書店、二〇〇〇年）を参照。

（19）Olaus Borrichius, *Olai Borrichii Itinerarium, 1660-1665: The Journal of the Danish Polyhistor Ole Borch*, ed. Henrik D. Schepelern（Copenhagen: Reitzels, 1983）.

（20）*OPH*, I: 161-192; 181; *BOP*, 476.

（21）Eric Cochrane, *Florence in the Forgotten Centuries, 1527-1800: A History of Florence and the Florentines in the Age of the Grand Dukes*（Chicago: University of Chicago Press, 1973）, 229-313.

ったクルーンは『筋肉運動の仕組みについて』*De ratione motus musculorum*（ロンドン、一六六四年）を出版しており、二人はこの話題について意見を交換しただろう。[22] ステノは集中的に探求をおこない、『筋学の基本例あるいは筋肉の幾何学的な記載』*Elementorum myologiae specimen, seu musculi descriptio geometrica*（フィレンツェ、一六六七年）を完成させた。

この筋学書の刊行直前に港町リヴォルノの近くで捕獲された巨大なサメの頭部がかつぎこまれ、解剖がステノの手に委ねられた。これをきっかけに、彼は舌石と呼ばれるサメの歯の化石も研究の材料にくわえ、成果として『サメの頭部の解剖』*Canis Carchariae dissectum caput* が『筋学の基本例』の付論として公刊された。サメの問題はステノを地球についての思索に導き、概要が『プロドロムス』*Prodromus*（フィレンツェ、一六六九年）にまとめられる。[23]

3-4 長い旅行

故国デンマークでは、有名になったステノを呼びもどす動きが起こっていた。国王が書状で帰国を促したため、彼は六八年にフィレンツェを出発する。気持ちの迷いを反映するかのように、旅程はただちに北方へとむかわず、ローマやナポリ、ボローニャをへて、ウィーンにいたった。周辺の鉱山地帯で見聞をひろめ、プラハからエルツ山脈まで出向いて鉱石標本を採集してもいる。ところが旅の途中の七〇年にデンマーク国王は亡くなってしまい、トスカーナ大公が重病となったことを聞くにおよんで、ステノはフィレンツェにひき返した。[24]

フェルディナンド二世の後継者コジモ三世（Cosimo III, 1642-1723）の愛顧にこたえるため、ステノは『プロドロムス』で予告された本篇を完成させるべく研究を継続した。各種の標本を整理するとともに、各地の探索も試みている。たとえば七一年にはアルプス南麓に散在する洞穴を探検し、二通の『洞窟にかんする書簡』*Lettere sulle grotte* で成果を報告した。すでに実験アカデミーは解散してしまっていたが、会員のあいだの交流は存続していた[25]。この時期にはまた、旧友スピノザの『神学・政治論』*Tractatus theologico-politicus*（アムステルダム、一六七〇年）を論駁してカトリックへの帰順をうながす手紙を書いている[26]。

一六七二年にふたたびデンマーク王から召喚されたステノは、コペンハーゲンで七四年まで「勅任解剖官」anatomicus regius として活動する。この時期には公開解剖もおこない『解剖実演の手ほどき』*Prooemium demonstrationum anatomicarum* を執筆した[27]。しかしルター派の神学者たちとの論争から居心地が悪くなり、

（22）Leonard G. Wilson, "William Croone's Theory of Muscular Contraction," *Notes and Records of the Royal Society of London* 16 (1961), 158-178.

（23）N・ステノ『プロドロムス：固体論』山田俊弘訳（東海大学出版会、二〇〇四年）。

（24）Gustav Scherz, "Niels Stensens Reisen," in *Dissertations on Steno as Geologist*, ed. Gustav Scherz (Odense: Odense University Press, 1971), 9-139.

（25）山田俊弘「ニコラウス・ステノの洞穴に関する手紙」『徳島科学史雑誌』第一〇号（一九九一年）、五—一〇頁と第一一号（一九九二年）、一一—一六頁。Cf. Maria L. Bonelli, "The Accademia del Cimento and Niels Stensen," *Analecta Medico-Historica* 3 (1968), 253-260.

（26）『スピノザ往復書簡集』畠中尚志訳（岩波文庫、一九五八年）、三〇二—三一四頁。

旅行の許可をうけてフィレンツェにむかった。

3-5　北ドイツ、そしてフィレンツェ

没落へとむかうメディチ家の子息たちの教育を担当するかたわら、ステノは七五年に司祭となった。翌年には「ティティオポリス司教」Episcopus Titiopolitanus に任命され、教皇の「代理司祭」Vicarius Apostolicus として北ドイツの町ハノーファーに赴任する。ティティオポリスはローマ教会がすでに実効支配を失った土地だったので、名義上の役職にすぎない。実際に担当したのは、北ドイツからデンマークやノルウェーに散在するカトリック教徒たちだった。この町に宮廷をかまえるヨハン・フリードリヒ（Johann Friedrich, 1625-1680）はカトリックに改宗し、ステノと書簡を交わしていた。そしてまさにこの宮廷で顧問官を勤めていたライプニッツと知りあう。

その後ステノは八〇年に属司教としてオランダに近い町ミュンスターに、さらに三年後にはハンブルクに異動している。最後は宣教師として北ドイツの都市シュヴェリンで活動し、過度の節制と過労から八六年に他界する。翌年コジモ三世の要請で、彼の遺体はフィレンツェに運ばれて聖ロレンツォ教会に安置された。

ステノの生涯は四八年と短いが、紆余曲折に富んでいる。そこにはデカルト主義者からその批判者へ、またルター派の新教徒からカトリック司祭へと、一方の極から対極へと転換してゆくドラマがある。彼が才能を開花させたのはフィレンツェの宮廷であり、コペンハーゲンやハノーファーでも君主に仕えている。ステノはバロック宮廷に適応した知識人だったといえるだろう。

一方で、オランダでの宗教的な経験はステノに大きな影響を与えていた。それは宗派分裂による「ヨーロッパ精神の危機」と呼ばれるものに相当するだろう[28]。ここではスピノザが重要な役割を果たし、あらためて科学と宗教の関係が問われる。ステノはカトリック教徒の学者として地球の歴史を探求するなど、神父メルセンヌ（Marin Mersenne, 1588-1648）やガッサンディ、デカルト、パスカルの事例と比較されるほど、この危機にたいして独創的な対応をしたと評価される場合がある[29]。この独自性はスピノザとの交錯があってのことだった。

最後にステノが到達した境地を表現するとされる言葉を引用しよう——「見えるものは美しい、知られるものはより美しい、未知のものはさらにもっとも美しい」Pulchra sunt quae videntur, pulchriora quae sciuntur, longe pulcherrima quae ignorantur.[30] これは解剖学の目的を説明するもので、最初の句は解剖される対象物、中間の句は解剖で示される隠された部分、最後の句は推論から把握される構造に相当するだろう。同時にそれぞれは自然学、形而上学、信仰を表現しているとも解釈される。さらに神学的には、被造物に見出される美が知覚されない創造主のもつ美の徴なのだという考えを示唆するともいう[31]。いずれにしろ、この一

（27） 出版は一六七五年。*OPH.* II: 249-256. Cf. Kardel（1994）, 112-127.

（28） P・アザール『ヨーロッパ精神の危機』野沢協訳（法政大学出版局、一九七三年）を参照。

（29） W・B・アシュワース・Jr「カトリック思想と初期近代科学」、D・C・リンドバーグ他編『神と自然：歴史における科学とキリスト教』渡辺正雄監訳（みすず書房、一九九四年）、一四九—一八二頁。

（30） *OPH.* II: 253-254. Cf. Kardel（1994）, 118-121.

節は三つの認識レベルの違いと到達目標を簡潔に示し、ステノの思考における総合的な性格を象徴しているといえるだろう。

（31） Gustav Scherz, *Nicolaus Steno and His Indice* (Copenhagen: University Library, 1958), 9-86: 40; Frank Sobiech, "Nicholas Steno's Way from Experience to Faith: Geological Evolution and the Original Sin of Mankind," in Rosenberg (2009), 179-186: 184-185.

第一章　ルネサンスのジオコスモス

一七世紀半ばには、さまざまな学問の領域において地球が話題にのぼるようになるが、その直前の時代の地球論は「ルネサンスのジオコスモス」とも呼ばれる。ジオコスモスとは、大宇宙であるマクロコスモスと小宇宙としての人体のミクロコスモスにたいして、地球を中心にした月下の領域である「地球世界」を意味する。一六世紀から一七世紀前半のジオコスモスは、月下界の事物をあつかう気象学や医学・薬学、水理学、鉱山地質学、鉱物発生学・化学、地理学、旅行記、宇宙生成論、聖書年代記、自然神学といった広範な分野であつかわれていた[(1)]。本章ではこうした分野を概観したうえで、これまで地球論との関連が十分にあつかわれてこなかった鉱山学や自然誌、そして地理学について一六世紀からの流れをたどっておく。

（1）Roy Porter, *The Making of Geology: Earth science in Britain 1660-1815*（Cambridge: Cambridge University Press, 1977）, 10-16; Suzanne Kelly, "Theories of the Earth in Renaissance Cosmologies," in *Toward a History of Geology*, ed. Cecil J. Schneer（Cambridge MA: MIT Press, 1969）, 214-225; Robert Halleux, "La littérature géologique française de 1500 à 1650 dans son contexte européen," *Revue d'histoire sciences* 35（1982）, 111-130.

1　ジオコスモスはどのように描かれたか

一七世紀前半の天文学はプトレマイオス（Ptolemaios, 90-168 AD）、コペルニクス、ティコ・ブラーエ（Tycho Brahe, 1541-1601）によって提唱された三つの世界体系が競合しつつ、星辰を物体としてあつかう見方が浸透しようとしていた。望遠鏡による観測が進み、天界のくわしい状態があきらかにされてきたからだ。たとえばガリレオが先鞭をつけた月面図の作成は、天に投影された「新世界」の探検の趣をもって発展した。(2)天文学者ヘヴェリウス（Johannes Hevelius, 1611-1687）の著作はその名も『月面誌』*Selenographia*（ダンツィヒ、一六四七年）であり、ひとつの到達点を示している。世界についての言説は、必然的にこうした事実を説明するよう迫られる。ステノの生年に出版された英国のウィルキンズ（John Wilkins, 1614-1672）の『月の世界の発見』*The Discovery of a World in the Moone*（ロンドン、一六三八年）と没年に出版されたパリ科学アカデミー終身書記官フォントネル（Bernard Le Bouyer de Fontenelle, 1657-1757）の『世界の複数性についての対話』*Entretiens sur la pluralité des mondes*（パリ、一六八六年）をみれば、当時の問題意識が惑星の居住可能性にまでおよんでいたのがわかる。(3)他方で「宇宙生成論」cosmogonia の文脈にも、地球像についての多様な議論が織りこまれ、キミア（錬金術・化学）の伝統とも密接な関係をもっていた。(4)

天文学者ケプラー（Johannes Kepler, 1571-1630）は、人間をはじめとする生物だけではなく宇宙や地球にも霊魂をみとめるルネサンスの伝統にしたがって、地上の事物の生成について興味深い議論を展開した。雪の結晶をあつかう小品『新年の贈り物あるいは六角形の雪について』*Strena seu de nive sexangula*（フランクフルト、一六一一年）では、六角形の雪や正八面体のダイヤモンドをつくりだす能力を地球の霊魂に結びつけている。[5] 彼はそれを人体のもつ形成力との類比《アナロジー》で説明する。この人体と地球との照応関係は、主著『宇宙の調和』*Harmonices mundi*（リンツ、一六一九年）でも踏襲された。そこでは「世界霊魂」anima mundi に照応する「地球霊魂」anima terrae の存在を想定しながら、身体と地球の対応を語っている。膀胱から尿が流れでるように山から川が注ぎだし、身体から硫黄臭のする可燃性の気体がでるように地球から硫黄や地下火、雷や稲妻が生じるというわけだ。さらに生物の脈管中で血液ができ汗が体外に排出されるように、地球の内脈には蒸気や鉱石が生成されるのだという。[6] ケプラーは地球に霊魂をもたせて「宇宙の調和」を月下界の事物にも適用した。

（2）ガリレオ『星界の報告 他一編』山田慶児・谷泰訳（岩波文庫、一九七六年）、五—八一頁：伊藤和行『ガリレオ：望遠鏡が発見した宇宙』（中公新書、二〇一三年）を参照。

（3）John Wilkins, *The Discovery of a World in the Moone* (London, 1638)：B・フォントネル『世界の複数性についての対話』赤木昭三訳（工作舎、一九九二年）。

（4）ディーバス（一九九九年）を参照。ここで「キミア」chymia は、錬金術と現代的な意味での化学を分別しなかった学問の形態を指す。

（5）榎本恵美子「雪と花のかたち」、渡辺正雄編著『ケプラーと世界の調和』（共立出版、一九九一年）、一九九—二一〇頁。

（6）ケプラー『宇宙の調和』岸本良彦訳（工作舎、二〇〇九年）、三七六頁を参照。

月下界をあつかう気象学は、伝統的なスコラ学にとっての地球論の性格をもつ。その基礎となったアリストテレス（Aristoteles, 384-322 BC）の『気象論』*Meteorologica* は、通常の大気現象のほかに現在では天体とされる星雲や彗星、そして河川や泉、海、潮汐といった水圏の諸要素、さらに地震や火山などの地表や地下の現象を議論していた。ガリレオの論争書『偽金鑑識官』*Il Saggiatore*（ローマ、一六二三年）でも、こうした話題が焦点になっている。(7)

ティコ・ブラーエは彗星が大気内の現象ではないことを示した。ここからアリストテレス流の気象学が再検討されるのも時間の問題であった。こうした変革の動きは、次章であつかうデカルト以前に英国のギルバート（William Gilbert, 1544-1603）にも認められる。彼はアリストテレスに対抗する気象学を確立しようとした。一五八〇年代初頭にとりかかった『わが月下界についての新哲学』*De mundo nostro sublunari philosophia nova* の全五巻のうち三巻から五巻までを「アリストテレスに反する新気象学」Nova meteorologia contra Aristotelem として、彗星や星雲、雲と風、虹、泉と河川、海と潮汐といった主題をあつかっている。彼の『磁気論』*De magnete*（ロンドン、一六〇〇年）は、こうした試みの一環だといえるだろう。(8) 正式な題名は「磁石、磁性体および大磁石としての地球について」*De magnete, magneticisque corporibus et de magno magnete tellure* であり、地球についての議論をふくんだ「新自然学」physiologia nova が目指されていた。

このような事態は教育の場でアリストテレスが依然として支配的だったことを暗示している。実際、デカルトと書簡を交わしたフロモンドゥス（Libertus Fromondus, 1587-1653）のように、大地の現象にもふれる伝統的な視点から気象学書を執筆するのも普通だった。(9) そのさいプラトン（Platon, 428/27-348/47 BC）の『ティマイオス』*Timaeus* やセネカ（Seneca, 4 BC–65 AD）の『自然研究』*Quaestiones naturales* も典拠として利用された。また「気象学」meteorologica という用語そのものも採用されつづけ、イタリアのボレッリ（Giovanni Alfonso Borelli, 1608–1679）は一六六九年のエトナ火山についての報告書で使っている[10]。

古代の学知の復興と同時にルネサンス期の改革家たちがこぞって強調したのは、学問の実用性だった。フランスの陶工パリシー（Bernard Palissy, 1510?–1589）の『真実の処方』*Recepte véritable*（ラ・ロシェル、一五六三年）では、土壌や鉱物にたいする関心が堆肥の改良やガラスおよび釉薬の作製といった実用面に結びついている[11]。彼は塩の作用を重視し、化石の起源を有機物だと主張して石化作用を「凝固させる水」eau congelative に帰した。「液汁」succus による石類の生成は、ドイツのアグリコラ（Georg Agricola, 1494–1555）

（7） Craig Martin, *Renaissance Meteorology: Pomponazzi to Descartes*（Baltimore: Johns Hopkins University Press, 2011）; ガリレオ『偽金鑑識官』、『ガリレオ』山田慶児・谷泰訳（中央公論社、一九七九年）、二七一―五四七頁を参照。

（8） William Gilbert, *De mundo nostro sublunari philosophia nova*（Amstelodami, 1651）. W・ギルバート『磁石論』三田博雄訳（朝日出版社、一九八一年）も参照。

（9） Libertus Fromondus, *Meteorologicorum libri sex*（Antwerpen, 1627）.

（10） Giovanni Alfonso Borelli, *Historia et meteorologia incendii Aetnaei anni 1669*（Reggio Calabria, 1670）. Cf. Nicoletta Morello, "Giovanni Alfonso Borelli and the Eruption of Etna in 1669," in *Volcanoes and History*, ed. Nicoletta Morello（Genova: Brigati, 1998）, 395–413.

（11） パリシー『陶工パリシーのルネサンス博物問答』佐藤和生訳（晶文社、一九九三年）、第一章。

によって提唱される。この人物は有名な鉱山学書『デ・レ・メタリカ』*De re metallica*（バーゼル、一五五六年）の著者で、当時の「ヨーロッパでもっとも豊かな銀産地ボヘミア地方のエルツ山脈」の実情に興味をいだいて鉱山学や鉱物学についての研究書を執筆した。[12]

2 アグリコラの鉱山学と地球論

アグリコラは人文主義の影響のもとに従来の学問体系を変革しようとし、一七世紀の地球論へとつながる無視できない書物を執筆した。なかでも、天文学のコペルニクスや解剖学のヴェサリウス（Andreas Vesalius, 1514-1564）の作品に匹敵する貢献ともみなされる『地下物の生成と原因について』*De ortu et causis subterraneorum* に注目しよう。[13]

一五四四年に執筆されたこの論考は、バーゼルのフローベン書店が二年後に出版した地下世界についての著作集の冒頭におかれている（図1）。この著作集には、『地中から流出する事物の本性について』*De natura eorum quae effluunt ex terra* や『発掘物の本性について』*De natura fossilium*,『古代人と近代人の金属について』*De veteribus et novis metallis*, および鉱山についての対話篇『ベルマヌス』*Bermannus sive de re metallica* の第二版、そして四八〇の鉱物のラテン語名とドイツ語名の対照表も収録されている。

『地下の事物の生成と原因について』は五巻から構成されている。第一巻では、大地における水の循環に関連して泉や河川、地下水、海水に触れ、地下のさまざまな液体の起源や分布・作用について議論している。

これにたいして第一巻の後半から第二巻にかけては地下火について記述し、地下の熱や風の起源と作用、燃える硫黄、地下の空気や蒸気および蒸発現象、そして地震や火山など地中における活動を説明する。第三巻にいたると鉱物の起源をめぐって鉱脈や土類、そして「凝結液汁」succus concretus の形成が検討される。さらに第三巻の後半および第四巻と第五巻では、『発掘物の本性について』にもみられる土類・凝結液汁類・石類・金属からなる四区分にもとづいて、石類や金属の生成を解説している。以下では、地球論的な観点から重要な第一巻を中心に概観しておこう。

アグリコラは最初に、地中にある対象を二種類に分けて説明する。第一に湿気や空気、蒸気、火のように大地から空中へ放出されるもの、第二に特有の土類や凝結液汁類、石類、金属およびそれらの混合物のようなものだ。第一のグループに属する事物は水に由来するため、水の起源が課題となる。彼は古代人の記述だけではなく、坑夫たちの証言など経験的な事実も考慮して、水の起源には雨水や雪どけ水が地中に染みこん

(12) アグリコラ『デ・レ・メタリカ』三枝博音訳（岩崎学術出版社、一九六八年）、五一九頁。

(13) Georg Agricola, *De ortu et causis subterraneorum* (Basel, 1546). 邦訳は、アグリコラ「『地下の事物の起源と原因について』」沓掛俊夫他訳、『地質学史懇話会会報』第二一号―第三三号（二〇〇三年―二〇〇九年）に所収。James A. Ruffner, "Agricola and Community: Cognition and Response to the Concept of Coal," in *Religion, Science and Worldview*, ed. Margaret J. Osler & Paul Lawrence Farber (Cambridge: Cambridge University Press, 1985), 297–324: 297–298; Hiro Hirai, *Le concept de semence dans les théories de la matière à la Renaissance: de Marsile Ficin à Pierre Gassendi* (Turnhout: Brepols, 2005), 115–132 も参照。

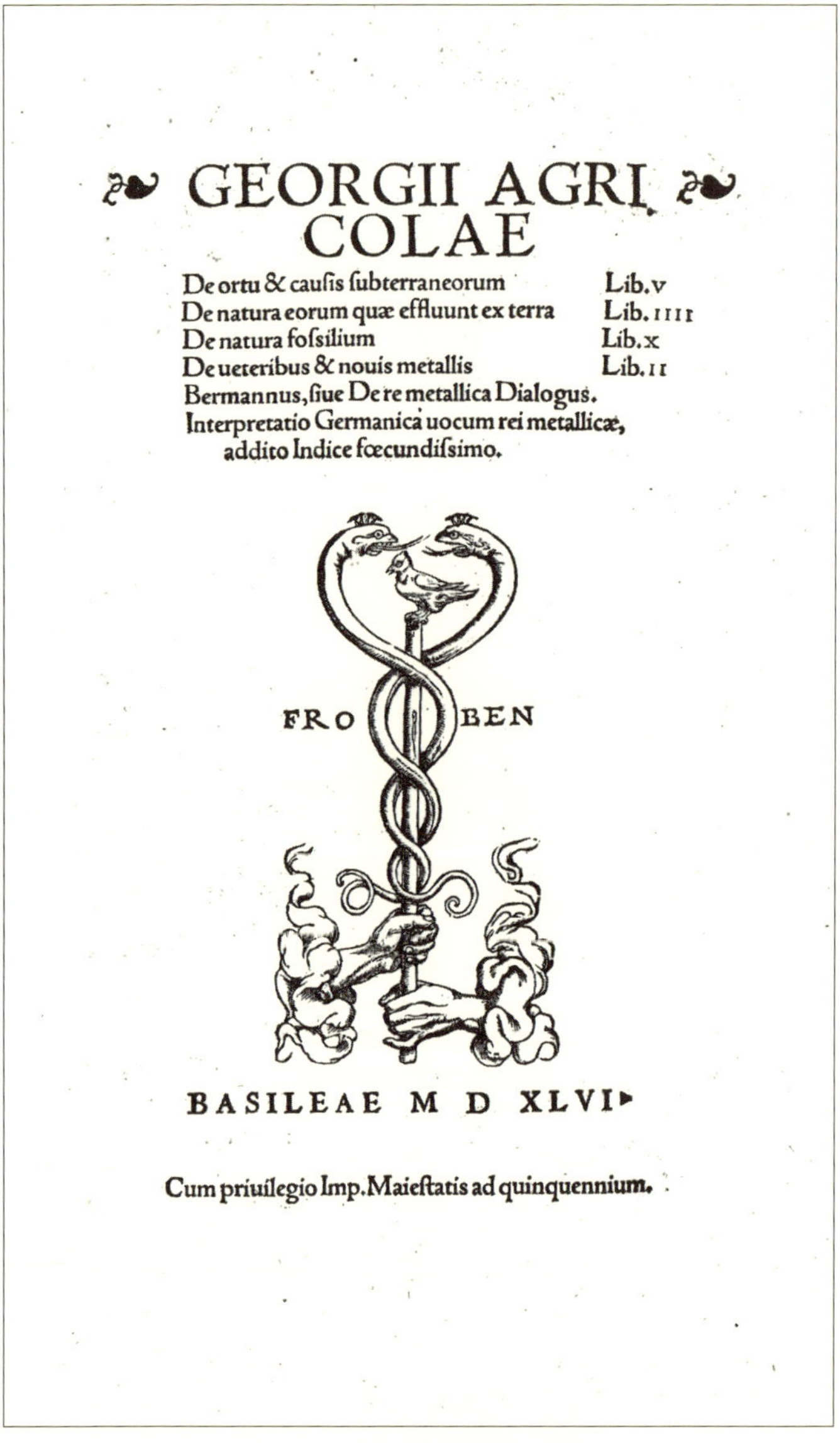

GEORGII AGRI-
COLAE

De ortu & cauſis ſubterraneorum Lib. V
De natura eorum quæ effluunt ex terra Lib. IIII
De natura foſsilium Lib. X
De ueteribus & nouis metallis Lib. II
Bermannus, ſiue De re metallica Dialogus.
Interpretatio Germanica uocum rei metallicæ,
addito Indice fœcundiſsimo.

FRO BEN

BASILEAE M D XLVI

Cum priuilegio Imp. Maieſtatis ad quinquennium.

図 1. アグリコラの著作集の扉

だものと、もともとの「地下水」aqua fundi があるのだと述べる[14]。

それでは泉水や地下水はどこから来るのだろうか。アグリコラは古代人たちの説明をふたつ紹介する。第一の考えでは、海水が遠くはなれた大地の空洞にある入口から鉱脈や割れ目にそって流れこみ、塩分が濾過されて淡水として多くの場所で地下水や湧水となる。地表にでた水は川にあつまり、海にもどる。アグリコラは海水の地中への浸透を否定しないが、水が重さに逆らって上昇するのはありえないと主張する。第二の考えは、もともと地下に淡水の大きな湖があってそこから水が流出するというものだが、これも鉱山での経験上ありえないとする。実際にそのような地下湖がみつかった例はないからだ。

最終的にアグリコラが採用する説明は、水が湿気から凝結する事実にもとづくもので、蒸留のやり方をみれば明白だという。川や土から蒸発した湿気は、冷却されると水滴になって降下し、地中の割れ目を流れ、地表に浸みだす湧水となる。湧水から小川が生まれ、小川があつまって大河になり、海に流れこむ。海や大河の水は大地の割れ目をとおして地中に浸透し、湿気のもとになる。このようにして循環が完結する。なお温泉については、太陽熱や地下に閉じこめられた風、水の運動や地下熱、生石灰の発熱などの諸原因を考察したうえで、瀝青《れきせい》のような可燃性の物質のだす火が原因であると結論される。

水の起源についての議論のあとに、アグリコラの鉱物体系の特徴であり、石化理論の鍵となる「液汁」succus が説明される。彼によると、液汁は濃厚さにおいて水から区別され、湿気と金属のように異なるもの

---

(14) *De ortu et causis*, lib. 1, 7.

が混合されて熱によって液化されると、さまざまな物質が生じる。それはちょうど樹脂が樹木から分泌されるように大地から分泌され、たとえば瀝青を地中に生じさせる(15)。また塩性の凝結液汁は濃縮されて塩に、苦いものは硝石に、温かいものは礬類《ばんるい》になるといった具合に、さまざまな生成物を説明できる。これらの例からアグリコラがどのようなイメージを描いて液汁の概念を導入したのかわかる(16)。さらに生物体と大地との類比がもちいられているのも目を引く。なお「液汁」の典拠は明確ではないが、古代ローマの建築家ウィトルウィウス（Vitruvius, c. 80/70–c. 15 BC）は、物体を石化させる湖水について語り、「天然の凝固物質に似た汁」が地中にあって諸物を凝固させると報告している(17)。

アグリコラは、自然の事物が天地創造のときから変化していると確信していた。彼は山地が成長するという考え方はとらなかったが、山地がさまざまな作用によって形状を変えていくと説明している。第二巻では、丘陵や山地が水と風によって生成され、水力や風力、そして地球内の火力によって破壊されると主張される。彼が重視するのはこれら水と風の作用だ。豊富な水流は土を洗い流し、岩体を転落させて数年にして平地や斜面を十分な深さにまで掘りぬいてしまうと観察している。風は激しく動いて砂や埃を扇動し、あらゆる方面から一箇所にあつめて集合体をつくりだすかと思えば、ふたたび遠くにまき散らす。しかし第三巻では、このような多くの変化が「いつどこでどのようにして起こったかは古く、人間の記憶からはかけ離れた時代だったから、それらが実際に起こったときには人々に気づかれなかった」と述べる。人間の記憶が存在する以前の自然の出来事を想定しているのだ(18)。

地震もまた山を粉砕し深い裂け目に吸いこんで壊滅させる。ここでアグリコラは有史以来の記録を呼びおこしている。小アジアのフリュギアの町キボトスの壊滅やデンマーク治下の小島の消滅、ギリシア南部のタイゲトス山の崩壊、エーゲ海のテラ島からのテラジア島の分離が例として示される。もっとも彼は、「火は山地を焼きつくすだけで、つくりだすことはまったくない」として火の形成作用は認めなかった(19)。

教科書的な理解では鉱山学者という認識で片づけてしまわれがちなアグリコラは、一七世紀における「地下の自然学」physica subterranea に連なる思索をしていた。彼の影響はカルダーノ（Girolamo Cardano, 1501-1576）やファロッピオ（Gabriele Falloppio, 1523-1562）といったイタリアの自然学者たちの書物にも見出せる(20)。また本書で考察するキルヒャーやライプニッツも、自著を執筆するさいに重要な典拠として彼の著作をかかげた。一七世紀における地球論の展開をみるうえで、アグリコラの議論は重要な前提のひとつであったといえる。

（15）*De ortu et causis*, lib. 1, 13.

（16）*De ortu et causis*, lib. 3, 46-47. Oldroyd（1996）, 33 は現代的な「含鉱物溶液」とみなせるとする一方で、ガレノス（Galenos, 129-c. 216）流の「体液」humor に類似した考えとする。

（17）ウィトルウィウス『建築書』第八巻第三章、森田慶一訳（東海大学出版会、一九六九年）、二九一―二九三頁。

（18）*De ortu et causis*, lib. 3, 37.

（19）*De ortu et causis*, lib. 3, 39.

（20）Girolamo Cardano, *De subtilitate*（Nuremberg, 1550）; Gabriele Falloppio, *De medicatis aquis atque de fossilibus*（Venezia, 1564）. カルダーノについては、榎本恵美子『天才カルダーノの肖像：ルネサンスの自叙伝、占星術、夢解釈』（勁草書房、二〇一三年）を参照。

3　自然誌、鉱物誌、そして博物館

ヨーロッパ文明にもっとも浸透した古代ギリシア・ローマの著作のひとつが、博物学者プリニウス（Plinius, 23/24-79）の『自然誌』*Historia naturalis* だといわれる。それは中世をとおして筆写・継承され、印刷術が発明された直後の一四六九年にヴェネツィアで出版された。プリニウスの影響下に、初期近代では個人が自然物や人工物を収集して陳列し、さらにそれを目録化して出版することが流行する。この種の「珍奇《ヴン》物陳列室《ダーカマー》」は一六世紀後半に盛んになり、一八世紀半ばまでつづく特筆すべき文化現象となった[21]（図2）。

博物館の起源となるこうしたコレクションには、しばしば多様な鉱物がふくまれており、なかでも人々の目をひく形状をもつ化石が好まれた。これらの化石は、地下から見出された「発掘物」fossilis として石類や金属、鉱物について記述した鉱物誌であつかわれた[22]。ルネサンス期には博物学者ゲスナーをはじめとする

---

(21) K・ポミアン『コレクション：趣味と好奇心の歴史人類学』吉田城・吉田典子訳（平凡社、一九九二年）、七七頁：Oliver Impey & Arthur MacGregor (eds.), *The Origin of Museums: Cabinet of Curiosities in Sixteenth- and Seventeenth-Century Europe* (Oxford: Clarendon, 1985).

(22) Nicoletta Morello, "The Question on the Nature of Fossils in the 16th and 17th Centuries," in *Four Centuries of the Word Geology: Ulisse Aldrovandi 1603 in Bologna*, ed. Gian Battista Vai & William Cavazza (Bologna: Minerva, 2003), 127-151.

図 2. 初期近代のヴンダーカマー
——ウォルミウス『ウォルミウスの博物館』より

人々が、コレクションにもとづいた図版入りの鉱物誌を競って出版する[23]。以下では、一六世紀後半のローマで活動したメルカーティ、一七世紀初頭のボローニャで活躍したアルドロヴァンディ、そして一七世紀半ばのデンマーク人ウォルミウスの出版物をとりあげて、成立事情と内容の変遷をみていこう。

ローマ教皇の侍医メルカーティ（Michele Mercati, 1514-1593）は、教皇庁における収集品の管理を任され、さまざまな化石をふくむ鉱物を整理して『ヴァティカン鉱物館』*Metallotheca Vaticana* にまとめた[24]。収録された図版は百点以上にのぼり、ゲスナーの流れをくむ著作だと考えられる。それらの銅版画は一五七二年から八一年にかけてつくられたが、一八世紀初頭まで出版されないまま保管された。しかし手稿は一六五〇年ごろから閲覧できるようになり、ステノはサメの頭部とサメの歯の化石である舌石の図版を利用している。以降、イタリアの自然学者ボッコーネ（Paolo Silvio Boccone, 1633-1704）が一六七四年、ドイツの博物学者ヴァレンティーニ（Michael Bernhard Valentini, 1657-1729）が一七〇四年、そしてライプニッツが没後に出版された著作でステノと同様の図版を引用している。それだけ舌石の説明にとって適切な図像と考えられたわけだ。また博物画の借用の事例としても関心を呼ぶ。

『ヴァティカン鉱物館』には一〇の「棚」armarium があり、各棚は大きな区分を示している（表1と図3）。たとえば第一棚は土類であり、第二棚は塩と硝石、第三棚は礬類となる。各棚にはさらに細かい分類項目があり、章で示されている。たとえば第一棚には二一の章がふくまれ、第一章は「土類の諸部門について」、第二章は「レームノスの土について」、そして第三章は「アルメニアの土について」といった具合に第二一章までならんでいる。これらはいわば引きだし、あるいは「標本小箱」loculus に相当し、まさに「紙上博

図3. メルカーティ『ヴァティカン鉱物館』における棚

表1.『ヴァティカン鉱物館』の棚構成

導入	鉱物一般
第1棚	「土類」terrae 全21章
第2棚	「塩と硝石」sal et nitrum 全7章
第3棚	「礬類」alumina 全2章
第4棚	「苦い液汁」succi acres 全13章
第5棚	「油性の液汁」succi pingues 全10章
第6棚	「海性物」marina 全26章
第7棚	「土に類する石類」lapides terrae similes 全17章
第8棚	「動物に生じた石類」lapides animalibus innati 全21章
第9棚	「固有の形状をもった石類」lapides idiomorphoi 全79章
第10棚	「大理石」marmora 全3章

物館」という趣向がある。参照されるのはアリストテレスをはじめとする古代人たちが圧倒的に多いが、アグリコラなどの同時代人の名前も見出せる。

　とりわけ注目に値するのが第九棚の「固有の形状をもった石類」lapides idiomorphoi と名づけられたグループで、特異な形状をもつ物体が七九項目あつめられている。アンモナイトや舌石もここに収容されている。メルカーティは、この種の物体が星辰の作用によって産出されたのと同じ場所で生成されたと考えた。

　メルカーティと交流のあったアルドロヴァンディ（Ulisse Aldrovandi, 1522-1605）はボローニャの名家に生まれ、パドヴァ大学で学位をとった医学者・自然誌家だ。[25]「ボローニャのアリストテレス」と呼ばれた彼はヨーロッパ各地を旅行し、さまざまな知人や縁故をたどって収集できるかぎりの事物をあつめ、記述できるかぎりの事項を記述し、当時を代表する博物学的な体系にまとめた。

　遺言で「地学あるいは発掘物について」Geologia ovvero de fossilibus と言及されている手稿は、アルドロヴァンディの博物館を管理したアンブロジーニ（Bartolomeo Ambrosini, 1588-1657）の編集により『鉱物博物館』*Musaeum metallicum*（ボローニャ、一六四八年）として出版された[26]（図4）。ここでの分類法は、アグリコラの土類・凝結液汁類・石類・金属の四区分をうけついでいる。各項目はそれぞれの鉱物の名前や特徴、

(23) Conrad Gesner, *De rerum fossilium*（Zürich, 1565）. ラドウィック（二〇一三年）、第一章も参照。
(24) Michele Mercati, *Metallotheca Vaticana*（Roma, 1717）.
(25) P・フィンドレン『自然の占有：ミュージアム、蒐集、そして初期近代イタリアの科学文化』伊藤博明・石井朗訳（ありな書房、二〇〇五年）、四六〇―四七九頁。

図 4. アルドロヴァンディ『鉱物博物館』の扉

建築や医学における用途にとどまらず、ことわざや寓話にはじまり、神話や夢、奇跡、徳目、さらには異教徒の儀式や祈祷にまでおよぶ。アルドロヴァンディの他の著作と特徴を共有している。[27]

化石をめぐる議論で焦点となる舌石についての記述をみてみよう。そこでは同義語と語源、記載と本性、相違、産地、医療上の用途の五項目が、五つの図版とともに解説されている。ゲスナーの図版も借用されているが、メルカーティのものはない。舌石の本性についての一節では、舌石を動物の歯と考える人々がいるとして、「この見解はまったくのところ拒否されるべきだ。舌石はその場所で生成された石類であり、固有の産出地を有するからだ」と述べている。[28] あきらかに舌石のサメの歯起源を否定している。

メルカーティに比べると同時代の著作家への言及が多いのも、アルドロヴァンディの特徴だ。舌石の章ではカルダーノやデ・ボート（Anselmus Boethius de Boodt, 1550–1632）といった人々があげられ、とくにゲスナーは何度も言及される。また地理学者オルテリウス（Abraham Ortelius, 1527–1598）やイエズス会士アコスタ（José de Acosta, 1539–1600）などの名前が示すように、アメリカ大陸や中国・アジアからもたらされた新しい知識を積極的に織りこみ、自然誌の世界化という不可逆の変化が進行していたことをみせてくれる。

最後に、一七世紀半ばに出版された『ウォルミウスの博物館』*Museum Wormianum*（ライデン、一六五五年）を覗いてみよう。[29] ウォルミウスはデンマークの町オーフスで生まれ、シュトラスブルクやバーゼル、パドヴァ大学で医学を修めた。ボローニャではアルドロヴァンディの植物園を見学し、帰国後の一六二〇年代から私設コレクションをつくって、アルドロヴァンディと同様にコペンハーゲン大学の学生たちの教材として蒐集物を活用した。

紙上博物館としての『ウォルミウスの博物館』は死後に出版され、彼のコレクションは同時に王立宝物庫《クンストカマー》に編入された。この著作は珍奇な諸物を発掘物・植物・動物・人工物に四区分したが、その分類法は影響力をもった(30)。第四区分に考古学的な遺物がふくまれるのが特徴で、古代北欧のルーン文字の刻まれた石もあつかわれている。発掘物の収録数は多く、石類や金属、そして「中間鉱物」media mineralia の三つに細分されている。ウォルミウスはそれらを無生物であると考えたが、物質にやどる「種子的な力」virtus seminalia によって産出・増殖するとした。舌石のあつかいは大きくなく、本文の説明と小さな図版で五種類の標本を示

---

(26) Ulisse Aldrovandi, *Musaeum metallicum* (Bologna, 1648). Cf. Gian Battista Vai, "Aldrovandi's Will: Introducing the Term 'Geology' in 1603," in Vai & Cavazza (2003), 65-110.

(27) M・フーコー『言葉と物』渡辺一民・佐々木明訳（新潮社、一九七四年）、六五頁；William B. Ashworth, Jr., "Natural History and the Emblematic World View," in *Reappraisals of the Scientific Revolution*, ed. David C. Lindberg & Robert S. Westman (Cambridge: Cambridge University Press, 1990), 303-332: 314.

(28) *Musaeum metallicum*, 4.10, 601. Cf. Paula Findlen, "Jokes of Nature and Jokes of Knowledge: The Playfulness of Scientific Discourse in Early Modern Europe," *Renaissance Quarterly* 43 (1990), 292-331.

(29) Olaus Wormius, *Museum Wormianum* (Leiden, 1655). また H. D. Schepelern, *Museum Wirmianum: Dets Forudsaetninger Tiblivelse* (Copenhagen: Wormianum, 1971)；小澤実「ゴート・ルネサンスとルーン学の成立」『知のミクロコスモス：中世・ルネサンスのインテレクチュアル・ヒストリー』（中央公論新社、二〇一四年）、六九―九七頁も参照。

(30) Hugh Torrens, "Early Collecting in the Field of Geology," in Impey & MacGregor (1985), 204-213.

しているだけで、サメの歯起源という認識はみられない。

『ウォルミウスの博物館』では、アリストテレスやプリニウスなどの古代人たちへの参照を欠かさないものの、ルネサンス以降では同時代人の業績や収集物への言及が多い。また地理学者メルカトル（Gerardus Mercator, 1512-1594）や上述のアコスタらの著作を引照して、新世界をはじめとする世界中の地理的な情報をあつめている。とくにノルウェーやグリーンランドなど北辺の自然誌に注意をはらっているのが特徴だろう。

以上は膨大な蓄積のごくわずかな例にすぎないが、一七世紀における地球論の背景にあった自然誌や鉱物誌の伝統を知るのに役立つだろう。これらの分野にも、世界中からよせられる新しい知見をとりこむ世界化あるいは全球化の波は到来していた。だが人文主義的な分類の伝統を逸脱するものではなかった。

4　コスモグラフィアとゲオグラフィア

一七世紀の自然学的な著作を読むと、古代人たちの著作群とともに地理についての事項がしばしば言及されているのに気づく。近代的な学問体系の建設において、ヨーロッパ人たちの活動圏の拡大とともにもたらされた知見がはたした役割は看過できない。以下では当時の地球観の一要素としての地理学の伝統を概観しておきたい(31)。

芸術家ラファエロ（Raffaello, 1483-1520）の有名なフレスコ画《アテネの学堂》には、プトレマイオス

（Ptolemaios, c. 100–c. 170 AD）やストラボン（Strabon, 64/63 BC–c. 24 AD）といった古代ギリシアの地理学者たちが数学者や画家たちと一団をなして登場する。[32] ルネサンス期に再生した古典のなかでも、人々の耳目をそばだたせるのに十分だったと思われるのがプトレマイオスの『地理学』*Geographia* で、数理地理学の伝統をふまえて世界地図の描出法を提示した。[33] 一四〇六年に『宇宙誌』*Cosmographia* としてラテン語に訳され、印刷術の発達とともに一六世紀には多数の刊本として流通する。

一方、ストラボンの『地理書』*Geographica* は、それまで知られていた各地の記述をまとめた百科全書的なもので、歴史地理学の視点もあると同時に地理哲学もあつかっていた。一四五〇年代にラテン語訳され、人文主義者たちに迎えられて一六世紀にはよく知られるようになった。[34] 初期近代における地球像の形成に果した役割は見逃せない。

（31） 地理思想史については Geoffrey J. Martin & Preston E. James, *All Possible Worlds: A History of Geographical Ideas*, 3. ed.（New York: John Wiley & Sons, 1993）を参照。

（32） Christiane L. Joost-Gaugier, "Ptolemy and Strabo and Their Conversation with Appelles and Protogenes: Cosmography and Painting in Raphael's *School of Athens*," *Renaissance Quarterly* 51（1998）, 761–787.

（33） プトレマイオス『地理学』中務哲郎訳（東海大学出版会、一九八六年）; J. Lennart Berggren & Alexander Jones, *Ptolemy's* Geography: *An Annotated Translation of the Theoretical Chapters*（Princeton: Princeton University Press, 2000）. Zur Shalev & Charles Burnett（eds.）, *Ptolemy's* Geography *in the Renaissance*（London: The Warburg Institute, 2011）も参照。

（34） Aubrey Diller, *The Textual Tradition of Strabo's* Geography（Amsterdam: Hakkert, 1975）, 97–179.

こうして復活した地理学の古典は、実際上の見聞によって内容が再検討されて際限ない更新の作業がおこなわれていく。多くの重要な著作が大航海時代の先陣をきったポルトガルやスペインといった国々ではなく、ドイツの学者たちによって書かれた点が留意される。[35] 以下ではアピアヌスとミュンスターの作品を例に詳細をみてみよう。

4-1 アピアヌスとミュンスター

ザクセン人アピアヌス（Petrus Apianus, 1495-1552）は『宇宙誌』*Cosmographicus liber*（アントウェルペン、一五二四年）の成功によって、インゴルシュタット大学の数学教授に就任した。[36] 月や日蝕をもちいて経度を測定する方法を提案し、後代にハレー彗星と呼ばれるものをふくむ彗星の観察記録を残している。ルーヴァン大学のゲマ・フリシウス（Reinerus Gemma Frisius, 1508-1555）によって四〇年に出版された増補版は、一六世紀をとおしてもっとも流布した地理書となった。そこでは三角測量の原理も述べられている。

アピアヌスの『宇宙誌』は、プトレマイオス流の数理地理学書だとされる。この百頁あまりの小著には図版が豊富に収録され、多くが幾何学的な証明のためというよりも本文を絵解きする啓蒙的な用途をもっていた。第一部は一九章からなり、第一章では宇宙誌や地理学、地方誌の定義を述べている。それらを順にみてみよう。

アピアヌスによれば、「宇宙誌」cosmographia とは字義どおり人間をとりかこむ世界の記述を意味した。ここでいう世界とは、土・水・空気・火の四元素および太陽や月、その他の星々からなり、天球で覆われたものすべてを指す。この言葉に対応する図版では、下方の観察者の視点から地球と天球が透視され、角度によって天球のみえ方が異なってくることを示唆している。横におかれた地球儀にはアメリカ大陸も描かれている（図5）。一方で「地理学」geophraphiaという場合には、地球上の山や河川、海などの人目を引くものをあつかい、絵画的な表現をもちいて各所の秩序と位置を容易に記憶できるようにしたものを意味する。これにたいして「地方誌」chorographiaは「地勢学」topographiaとも呼ばれ、個別の場所を考察する。地理学が画家の描いた人間の頭部全体であるとすれば、地方誌は頭を構成する眼や耳をあつかったものだという。

天文学は、宇宙誌の記述において基礎的な役割をはたすと明確に述べられている。実際、アピアヌスが得意とした天体観察や観測器具、計算用の数表がかかげられ、一五二三年から七〇年までの日蝕と月蝕の予測図や任意の地点間の距離をはかる方法が解説されている。また気候区分の基礎となる「分帯」zona climataが示され、熱帯・温帯・寒帯が区別されている。島・半島・大陸など簡単な地形区分も論じられている。地方誌の詳細にたち入らないが、第二部では新大陸をふくむ各地の経緯度が列記される。基本的な枠組みをプトレマイオスに依存しつつ、内容は時代の要請に対応するよう改訂が試みられていることがわかる。ただし

（35） Manfred Büttner, "The Significance of the Reformation for the Reorientation of Geography in Lutheran Germany," *History of Science* 17（1979）, 151-169.

（36） Petrus Apianus, *Cosmographicus liber*（Antwerpen, 1524）. アピアヌスについては、小野鐵二「ペトルス・アピアヌスの『コスモグラフィア』最初の諸版について」、石橋五郎編『小川博士還暦祝賀史学地理学論叢』（弘文堂、一九三〇年）、九六一―一〇三四頁を参照。

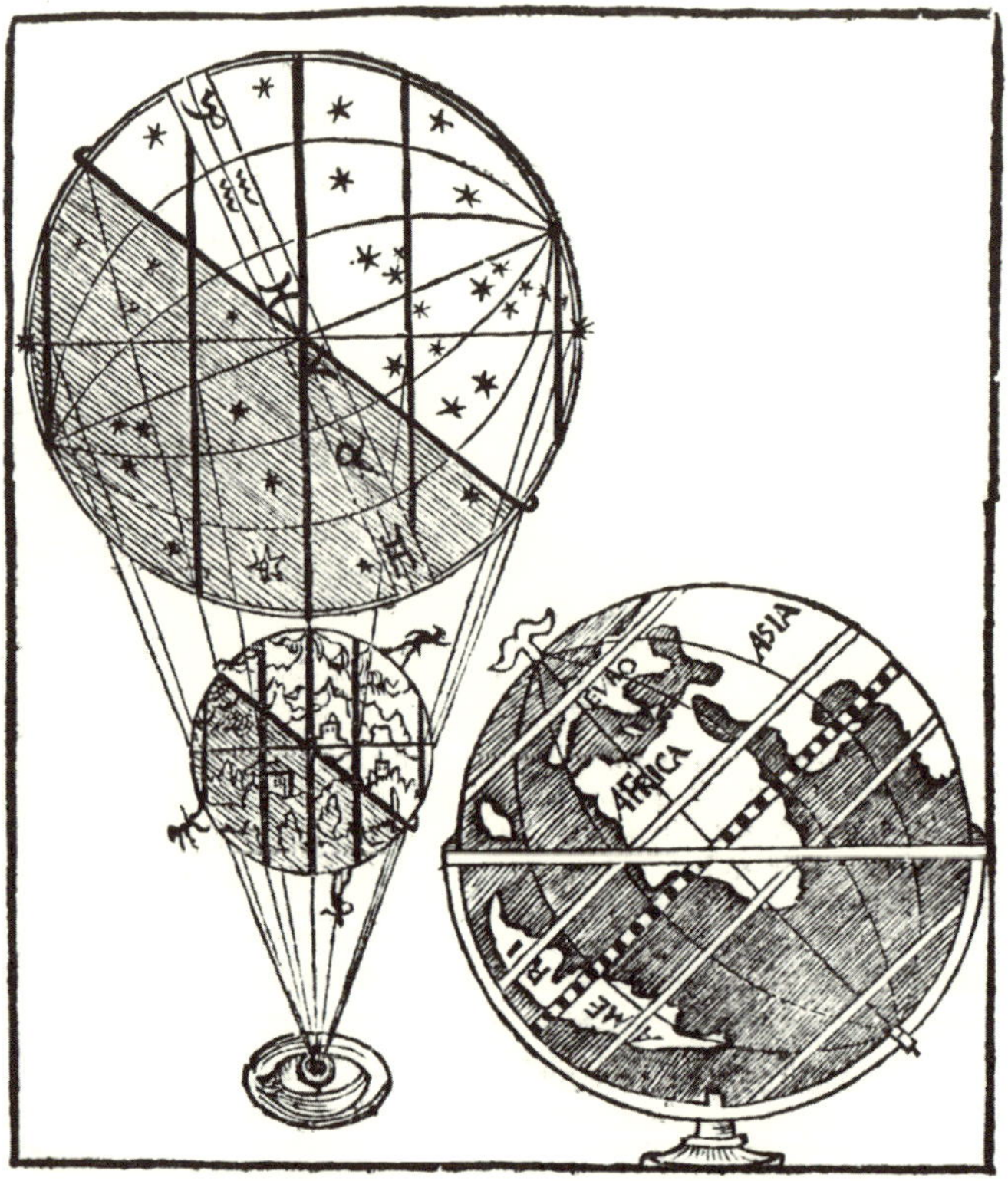

図 5. 天球と地球——アピアヌス『コスモグラフィア』より

あくまでも改訂であって、世界観あるいは方法論上の大きな変更はない。

つづいて地方誌の記述を大量にふくんだ代表例として、セバスティアン・ミュンスター（Sebastian Münster, 1489-1552）の著作をとりあげよう。[37] ハイデルベルクやチュービンゲン大学で学んだ彼は、一五二四年にハイデルベルク大学で職につく。最初に手がけた仕事はユダヤ暦の研究であり、五年後にバーゼル大学に移ってヘブライ語の教授を務めた。

ミュンスターの関心は地表の様相と人間の過去にもむかっていた。四〇年に編纂したプトレマイオスの『地理学』の序文では、ヨーロッパやアジア、アフリカ以外の陸地を知らなかった祖先とは異なり、いまや未知の大洋を探索するヨーロッパ人たちが先住民と富であふれた島々を見出したとし、空間的な革新の意義をかみしめている。当然その帰結は自身の新著に盛りこまれなければならなかった。

ミュンスターはまずドイツ語で『宇宙誌』*Cosmographia*（バーゼル、一五四四年）を、ついでラテン語版の『普遍宇宙誌』*Cosmographia universalis*（バーゼル、一五五〇年）を出版した。浩瀚な書にもかかわらず熱心な読者を獲得し、一六五〇年までに六言語で四六版が出されるほど普及して大きな影響力を保持した。そこには既存の著作群から得られる知見のほかに、各地の学者から質問状で聞きだした情報も盛りこまれている。

（37） Margaret T. Hodgen, "Sebastian Muenster (1489-1552): A Sixteenth-Century Ethnographer," *Osiris* 11 (1954), 504-529. Anthony Grafton et al., *New Worlds, Ancient Texts: The Power of Tradition and the Shock of Discovery* (Cambridge MA: Harvard University Press, 1992); Mathew Mclean, *The* Cosmographia *of Sebastian Münster: Describing the World in the Reformation* (Surrey: Ashgate, 2007).

またミュンスターは、すべての文化や社会が時間とともに変化する点もわきまえていた。彼の『宇宙誌』は、彼自身が批判する怪物的な人種についての伝説や相矛盾する内容もふくめた、あらゆる情報を収録した百科全書的な地理学書だった。

このような記述に自然地理的な事項がふくまれたのは当然であり、全六巻の第一巻がそれに当てられている。動物・植物・鉱物の三界が記述され、化石への言及もみられる。さらに聖書の記述を下敷きにして地表の生成を議論し、地球をとりまく水の働きによって海陸の分布と山地や平野、河川の位置についても変化があったと考えている。山地から発掘される貝の化石などの存在から大洪水や海水の変動があったのは古代にも指摘されていたが、地球的な規模で変動を解釈しようとした点に留意したい。

4-2 航路の争奪と地理上の発見

大航海時代の世界進出に後れをとったものの、海洋に面した国々のなかでも英国が追求したのが北回り航路だった。これは南の喜望峰やマゼラン海峡を経由せず北極海をとおって東洋を目指すもので、ロシアの北をとおる北東航路とアメリカの北辺を抜ける北西航路があり、一六世紀半ばから果敢に開拓が試みられた。たとえば北西航路では一七世紀初頭まで試行錯誤がつづけられ、結局のところ航路は開拓できなかったが、現在の「フロビッシャー湾」のような開拓者の名を残した地名に痕跡がみられる[38]。

こうした活動の知的背景として、ジョン・ディー（John Dee, 1527–1609）のような人物を想起してもよいだろう[39]。彼は有名な『完全な航海術についての一般および稀な覚書』*General and Rare Memorials Pertaying to the Perfect Arte of Navigation*（ロンドン、一五七七年）を出版し、東洋への航海を鼓舞している。また数学的な知識を航海士たちに助言してもいた。オルテリウスやメルカトルといった地理学者たちと親しかった点を考えあわせると、彼が地理学の歴史においても評価されるべき人物だとわかる。当時の英国での数学にまつわる文化は、専門家たちと航海や測量などの実践的な分野を結ぶ人々によって支えられており、地理学についての知見が重要な意味をもっていた[40]。

北方航路の開拓が行きづまると、既存航路を奪取しようという動きが進んだ。とくにオランダは、スペインやポルトガルによる航路や植民地の独占を打破し、大西洋を中心に勢力を拡大していった。一七世紀には、こうした活動圏の拡大による科学的な成果と呼べるものが生まれてくる。一例としてナッサウ公マウリッツ（Johan Maurits van Nassau-Siegen, 1604-1679）が出版を援助した『ブラジル自然誌』*Historia naturalis Brasiliae*

（38） A・N・ポーター『大英帝国歴史地図』横井勝彦・山本正訳（原書房、一九九六年）; 織田武雄『古地図の博物誌』（古今書院、一九九八年）; James McDermott, *Martin Frobisher: Elizabethan Privateer* (New Haven: Yale University Press, 2001), 93-256 を参照。

（39） P・フレンチ『ジョン・ディー：エリザベス朝の魔術師』高橋誠訳（平凡社、一九八九年）; William H. Sherman, *John Dee: The Politics of Reading and Writing in the English Renaissance* (Amherst: University of Massachusetts Press, 1995) を参照。

（40） Lesley B. Cormack, "The Fashioning of an Empire: Geography and the State in Elizabethan England," in *Geography and Empire*, ed. Anne Godlewska & Neil Smith (Oxford: Blackwell, 1994), 15-30.

（ライデン、一六四八年）をみておこう。(41)

マウリッツは、西インド会社の要請で一六三七年から四四年までオランダ領ブラジルの総督を勤めたが、二人の学者ピソ（Willem Piso, 1611-1678）とマルクグラフ（Georg Marcgraf, 1610-1643）を雇ってブラジルの自然誌をまとめさせた。そのうち『ブラジルの医術について』*De medicina Brasiliensi* の四巻を前者が執筆し、『ブラジルの自然の事物の記述』*Historiae rerum naturalium Brasiliae* の八巻を後者が担当している。この出版物は動植物や原住民、風景などが写実的に描かれた多くの挿画を収録し、知識人たちの関心をあつめた。そして自然学者たちの著作活動の源泉となり、いくつかの図版はウォルミウスらの博物誌に再録されるようになる。

以上みてきたように、航海術は天文学や地理学と密接な関係をもち、未知の世界の記録は次第に新しい地理書や自然誌として結実していった。英国の建築家クリストファー・レン（Christopher Wren, 1632-1723）は一六五七年の講演で、地理上の発見と真の科学の発展との関連に触れている。彼によれば、地理的な拡大による発見によって、人々は数多くの新規な事柄を消化しなければならず、その過程で古代人たちが体験しなかった新しい地理的・文化的な環境におかれる事態となった。いいかえると、こうした状況を土台にして一六世紀末から一七世紀初頭にかけて、たんなる知識の量的な増大にとどまらない世界観の変動があり、これが新科学の誕生をもたらすことになる。(42) この変動こそ、ルネサンスのジオコスモスから一七世紀の地球論への変容と不可分に結びついていたものにほかならない。

(41) Peter J. P. Whitehead & Marinus Boeseman, *A Portrait of Dutch Seventeenth-Century Brazil: Animals, Plants and People by the Artists of John Maurits of Nassau* (Amsterdam: North-Holland Publishing, 1989).

(42) Reijer Hooykaas, *Humanism and the Voyages of Discovery in 16th-Century Portuguese Science and Letters* (Amsterdam: North-Holland Publishing, 1979).

第二章　デカルトと機械論的な地球像

哲学者ルネ・デカルトは一五九六年にフランスのトゥレーヌ地方に生まれ、イエズス会の運営するラ・フレーシュ学院で学んだ(1)（図1）。有名な『方法序説』*Discours de la méthode*（ライデン、一六三七年）は、各学問についての試論を執筆するための導入として書かれたが、そうした学問分野には『幾何学』*La Géométrie* や『屈折光学』*La Dioptrique* とともに『気象学』*Les Météores* がふくまれている。他方で『哲学原理』*Principia philosophiae*（アムステルダム、一六四四年）にみられる体系には、宇宙と地球についての考察が組みこまれた。世界全体を新しい方法で描こうとしたデカルトの試みに、地球をめぐる議論があるのは自然なことだろう。だがこの点にたいする一般読者の関心は薄く、専門家の評価も芳しくない。たしかに近代科学の

（1）伝記事項はG・ロディス＝レヴィス『デカルト伝』飯塚勝久訳（未来社、一九九八年）; 佐々木力『デカルトの数学思想』（東京大学出版会、二〇〇三年）、第一章; Desmond Clarke, *Descartes: A Biography* (Cambridge: Cambridge University Press, 2006) を参照。

図 1. デカルトの肖像——デカルト『哲学全集』より

視点からみれば、それは哲学者の気ままな伽話にもみえる。しかし彼の提案した地球像は視覚的な表現とともに、一七世紀に大きな影響力をもった。(2)

本章では、機械論的な世界観にもとづいてデカルトが提示した地球像を、同時代のフランス人哲学者ガッサンディのそれと対比しながら考察していきたい。なお、ここでは『哲学原理』第四部の「地球について」を中心にして、『気象学』やデカルトの死後に出版された『宇宙論』*Le Monde*（ライデン、一六六二年）も参考にする。(3)

1　デカルトの地球論

一六四〇年にデカルトは自らの哲学の原理すべてを書きあげ、できれば一年以内にそれを出版したいと盟友のメルセンヌ神父に伝えている。このころ彼は、自分の哲学体系をまとめて学校の授業でも容易に使える

(2)　デカルトの地球論については Oldroyd（1974）, 157-178; Gohau（1990）, 71-82, 90-95; Peter Harrison, "The Influence of Cartesian Cosmology in England," in *Descartes' Natural Philosophy*, ed. Stephen Gaukroger et al.（London: Routledge, 2000）, 168-192を参照。

(3)　テクストには Charles Adam & Paul Tannery（eds.）, *Œuvres de Descartes*（Paris: Vrin, 1982）［以下 AT と略記］と邦訳の『デカルト著作集（増補版）』（白水社、二〇〇一年）やデカルト『哲学の原理』井上庄七他訳（朝日出版社、一九八八年）をもちいた。

教科書をつくる計画をいだいていた。それは『哲学原理』として結実した(4)(図2)。

『哲学原理』は第一部「人間的な認識の原理について」で形而上学にあたる哲学の基礎をあつかい、第二部「物質的な事物の原理について」で自然学の基本概念を説明する。これらをふまえて、第三部以降の「可視的な世界について」と題された部分で宇宙と地球についての議論が展開される。月下界の事物をあつかう地球論から諸天体をあつかう宇宙論へと向かうのではなく、宇宙についての説明をうけて地球の生成が語られる。地球は太陽や他の恒星を構成するのと同じ元素に由来するためだ。いいかえると、旧約聖書の『創世記』になぞらえた天地の開闢《かいびゃく》ではなく、多くの渦からなる恒星世界のなかの一天体が発展して、惑星である地球が生じる(5)。そういう意味では、地球は宇宙のどこにでも出現する可能性のある天体として語られている。

なおデカルトの宇宙と地球についての議論では、さまざまな粒子がそれぞれの役割をもって活躍する。「可視的な世界」としての宇宙を構成する基本となるのは、三種類の元素である(6)。しかし実体は各種の粒子であって、第一元素は光を発し、第二元素は光を伝え、第三元素は光をはね返す機能をもち、それぞれが恒星、天界をみたす仮想の小球、惑星や彗星をつくることになる。

こうして話は第四部の地球という惑星の形成に移っていく。便宜的に、粒子による地球の生成（第一節か

(4) G・ロディス＝レヴィス『デカルトの著作と体系』小林道夫・川添信介訳（紀伊國屋書店、一九九〇年）、一二四頁。

(5) デカルト『哲学原理』第三部第一一九節、一六七頁以降（以下、頁数は井上他訳）。

(6) 『哲学原理』第三部第五二節、一二三頁。

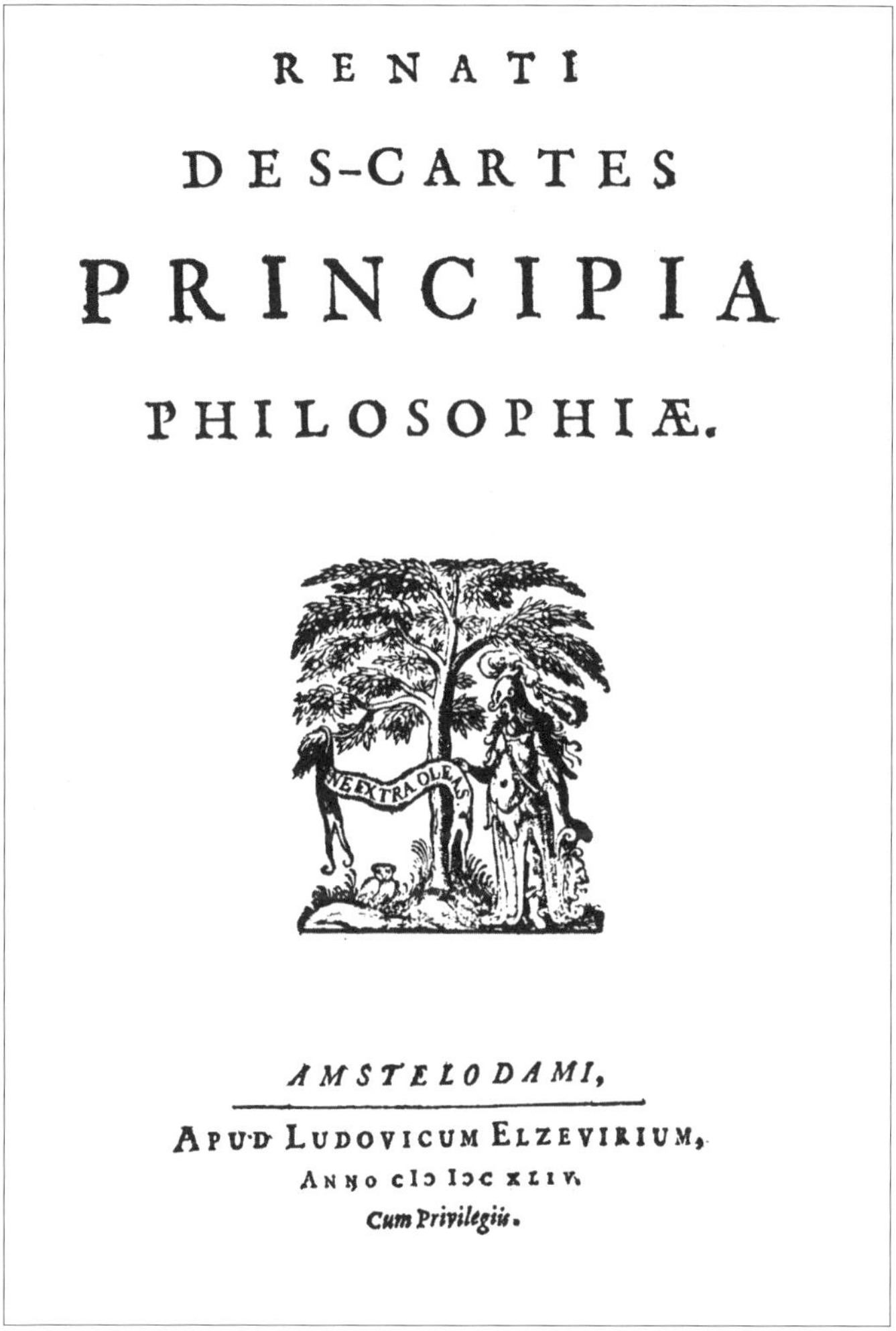
RENATI
DES-CARTES
PRINCIPIA
PHILOSOPHIÆ.

NE EXTRA OLEAS

AMSTELODAMI,
APUD LUDOVICUM ELZEVIRIUM,
ANNO CIƆ IƆC XLIV.
Cum Privilegiis.

図 2. デカルト『哲学原理』の扉

ら第四四節）、地球内外の諸部の性質や現象（第四五節から第七六節）、地震や火山現象にもとづく火の本性（第七七節から第一三二節）、磁石（第一三三節から第一八七節）、あとがき（第一八八節から第二〇七節）の五つに分けてみていこう。

デカルトによると、「地球」terra はつぎのように形成される。はじめに第一元素に由来する粒子が相互に付着して、不透明な黒点状の物質がひとつの恒星の外側を覆うようになり、そこから分解した第三元素の粒子が外側をとりまいて三層の始原の状態ができる[7]（図3a）。これ以降、地球の周囲をみたしている第二元素である天の小球のもつ運動や重さ、光、熱の作用によって層状の構造がつくられる。

つぎにデカルトは、地球のもっとも外側にある空気または「エーテル」と呼ばれる部分が層状に分化する仕組みを解説する（図3b）。ここでは右上から時計まわりに四段階が描かれている。こうした分化は現在では重力の作用で説明されるだろう。しかしデカルトはあくまで、天界の小球の運動が表層の粒子を押して外側と内側の大きなふたつのB層とC層に分けると主張する。粒子の形状や大きさの違いから、内側の部分はさらにふたつのC層とD層に分離する。D層は内側から浸みだした液体からなる。他方、粒子が落下して付加されて、D層の上側に固体のE層が形成される。デカルトは語る——

一方でまた、物体Dを構成していた粒子よりも硬さの劣る粒子が、Bから下方へ向かって沈降した場合には、物体Dの表面にとどまった。しかもこれらの粒子の多くは樹枝状であったため、徐々にたがいに結びあわされて流体であるふたつの物体BやDとはずいぶん異なった硬い物体Eを構成した[8]。

地殻とでもいうべきE層は、最初は被膜のように薄いが、上下から粒子が付加され「多くの年月」をへて厚くなったとされる[9]。一方、日中や夏の日照りでD層が希薄化され、E層のなかの孔をとおって外に放出されてしまい、D層とE層とのあいだに空洞Fがつくられる。これが完成された地球の層状構造で、太陽のような天体に起源をもつ中心火Iから外に向かって、不透明な黒点状の物体M、原初の空気が圧縮されたC層、流体層D、空洞F、固体層E、そして空気またはエーテルB層の七層が同心球状に分離される（図3c）。

つづいてデカルトは、山や海など地球の地域性を与える構造ができあがる過程を説明する。乾燥によって固体層にひび割れができて拡大していくと——

その諸部分は最終的には、たがいに結びつきが非常に不十分になるため、もはやFとBとのあいだでドームの形状をもちこたえられず、全体がこなごなになり、自重によって物体Cの表面へと落下した[10]。

崩れた部分の破片にはC層につき刺さっているものもある。C層の表面積はE層のそれより小さいので、

(7)『哲学原理』第四部第二節—第一四節、一九四—一九九頁。
(8)『哲学原理』第四部第三八節、二一一頁。
(9)『哲学原理』第四部第三九節、二一二頁。
(10)『哲学原理』第四部第四二節、二一五頁。

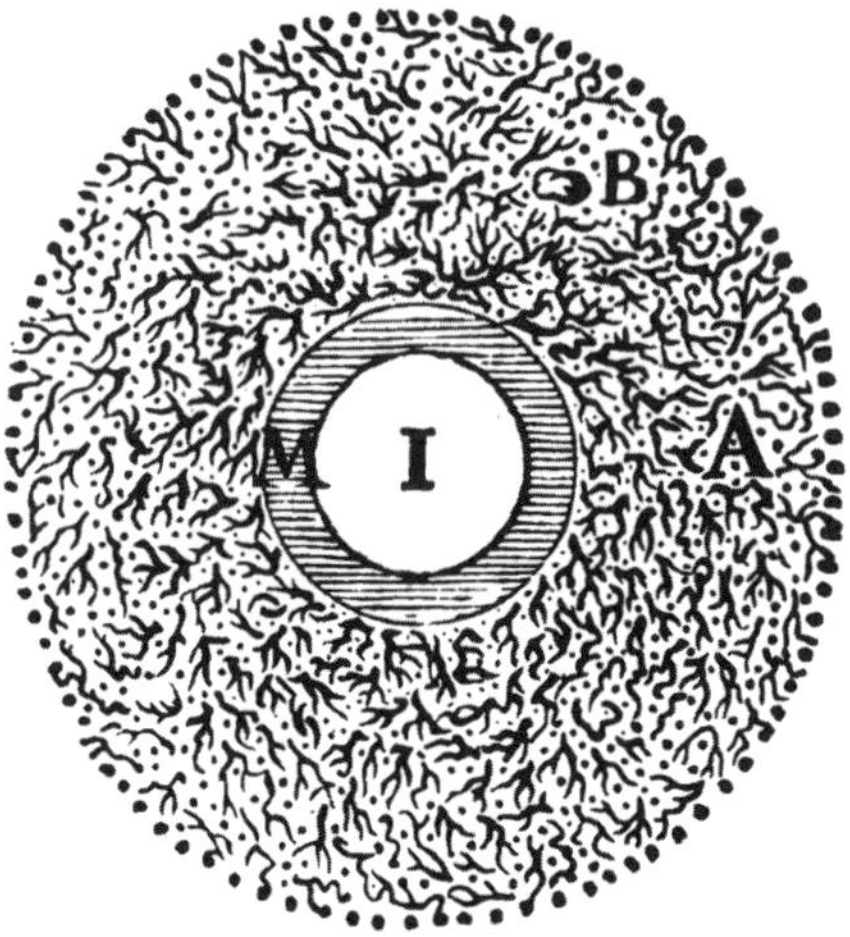

a. 原初の三層構造ができる

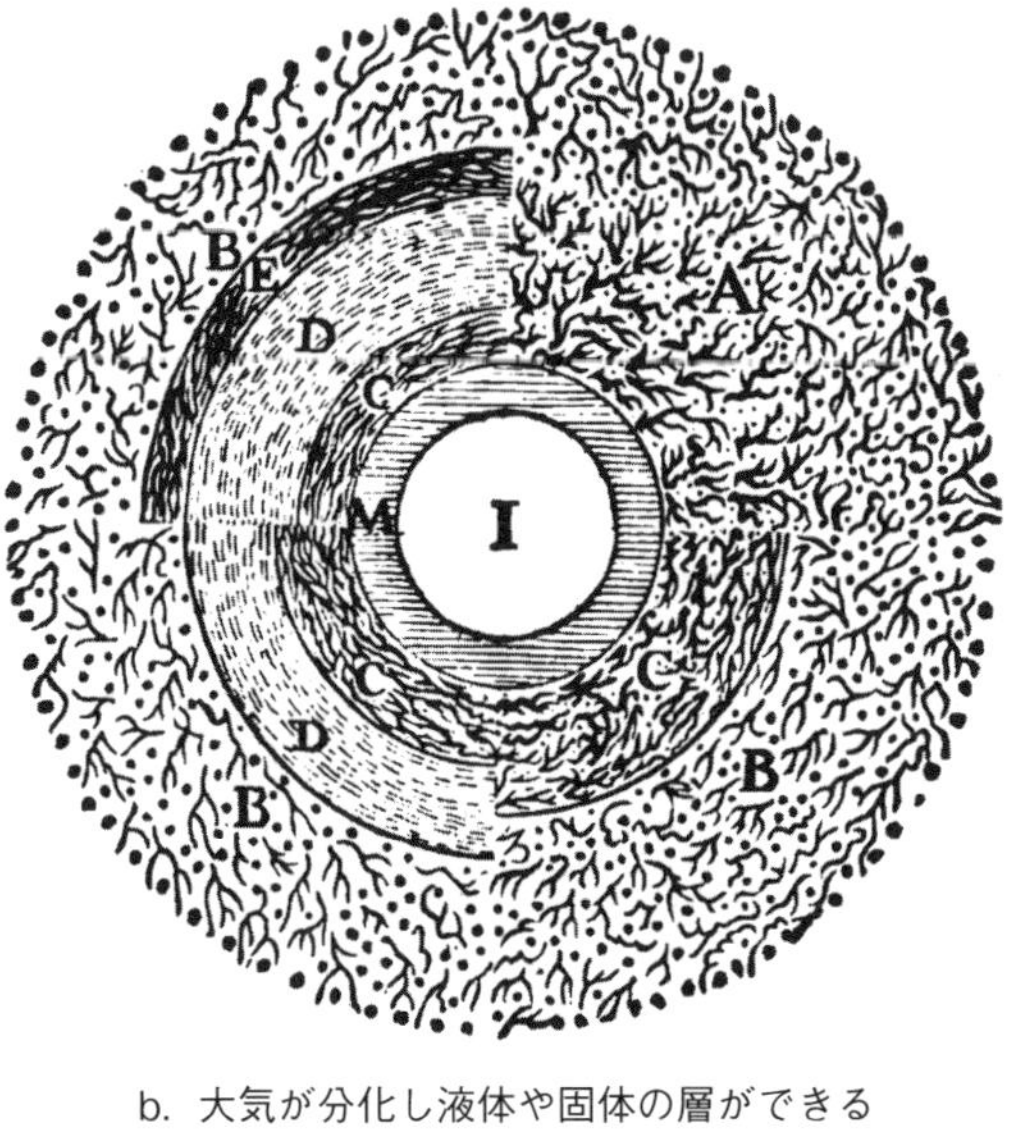

b. 大気が分化し液体や固体の層ができる

図 3. 地球の生成——デカルト『哲学原理』より

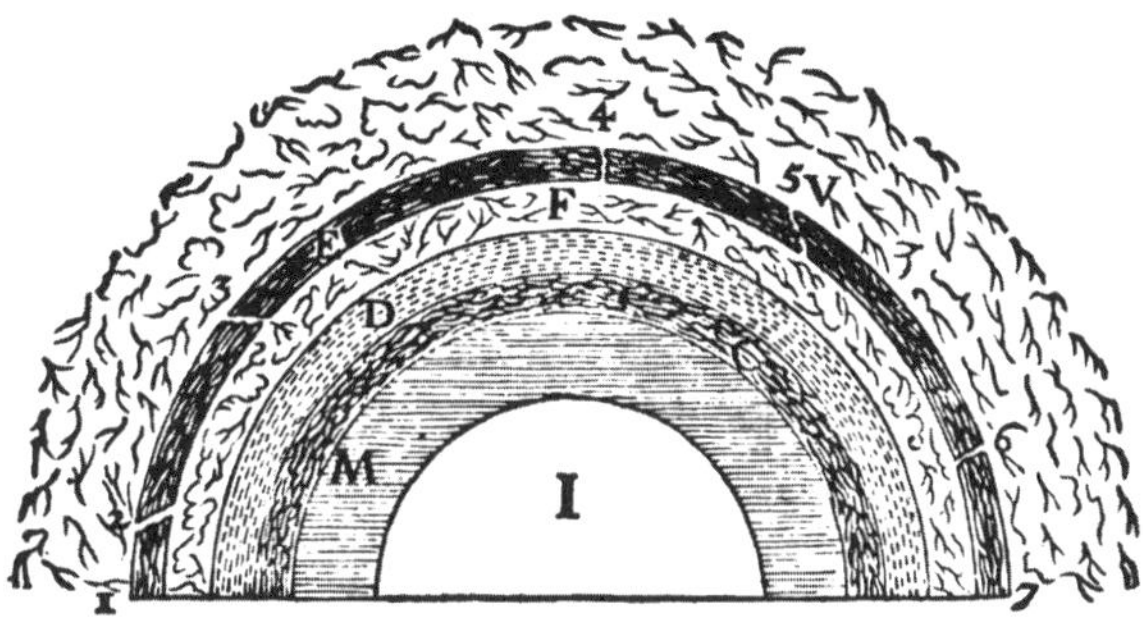

c. 七層の層状構造が完成する

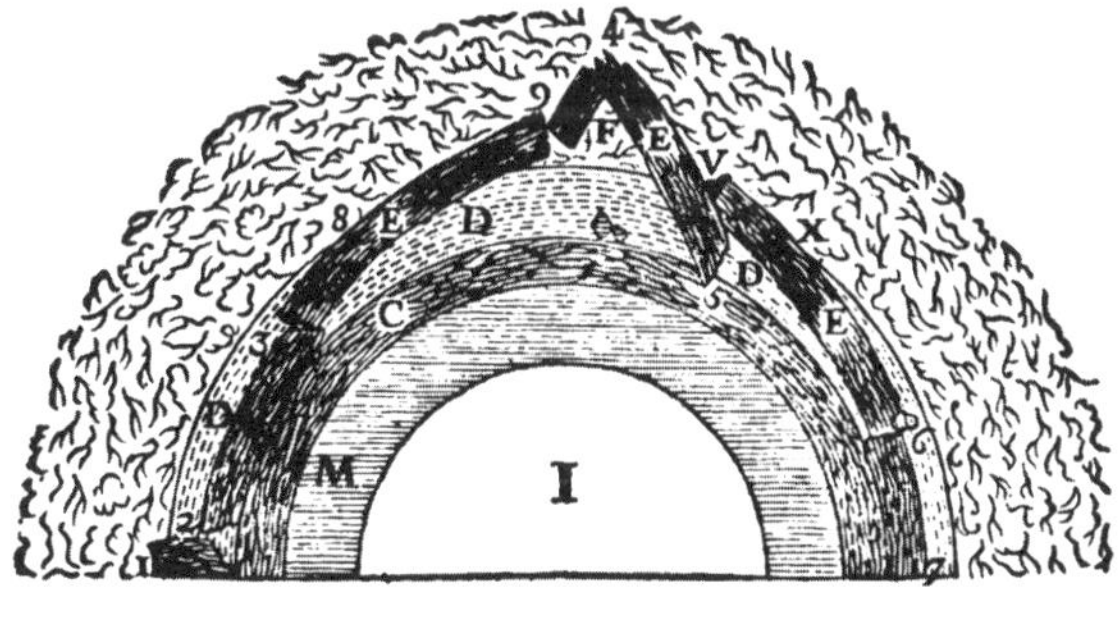

d. 固体の層が液体の層へ落下して海洋と山地の大構造ができる

固体のE層は部分的に重なったり、折れ曲がったり、極端な場合には垂直になったりする。折れ曲がって上方に凸の部分が山となり、内部には空洞Fが残される一方で、垂直なものは海岸の岩壁となると解釈される。また崩壊にともなって、地下の流体が破片となった固体層のうえに部分的に溢れだし、海が生まれる（図3d）。こうした固体層の崩壊によって地表の大構造がつくられるという考えは、「崩落テクトニクス」とでも呼べるだろう。これは修正されつつ、ステノやライプニッツに継承される。

大きな構造の形成を示したあと、デカルトの筆は地球の構成物質にむかい、粒子の形状の変化からさまざまな物質がつくられる仕組みが説明される。たとえば、表面がなめらかな楕円粒子が集まって水銀ができ、硬い塩の粒子は破砕されると尖って酸性の液汁をつくり、軟らかい粒子の粉末は硫黄となる。これら水銀・塩・硫黄はルネサンス期のパラケルスス主義者たちのいう「三原質」tria principia に相当し、前述の地球内部のC層で生成されたのち、三者の相互作用と熱によって山状の部分まで上昇し、さまざまな金属の鉱床をつくるという。さらにデカルトは泉の起源や河川と海水の循環を解説する。しかし粒子論的な記述をのぞくと当時の一般的な理解と大差はなく、「動物の血液が静脈と動脈のなかを流れるように、水は大地の水脈のなかと河川を循環して流れる」といった小宇宙（ミクロコスモス）とジオコスモスの類比が語られる[11]。

ここで気になるのが、地中の生成物のなかでも生物の形状をした化石のあつかいだろう。デカルトによれば、すべての発掘物は、塩と関係する刺激性のある「精気」spiritus や硫黄と関係する油性の「蒸発物」exhalatio, 水銀の「蒸気」vapor のさまざまな混合からつくられる[12]。つぎの第七一節では石類や他の発掘物がとりあげられ、粒子の付着の仕方によって、不透明な普通の石類と透明な宝石類に二分されている。こうしてみると、デカルトにとっての発掘物とはすべて無機物を起源とし、今日の化石は考慮されていない。他方、不均等な分布をするE層のなかでC層に起源をもつ物質が上昇して変化し、空間的に偏在することで鉱床のできる場所は限定されるわけである。

空気や水、土という地球を構成する諸要素のつぎにくるのが、火と化学的な変化をめぐる議論だ。デカルトにとって火と空気は粒子の揺動の激しさが異なっているだけであり、火の作用はすべてこの観点から説明される。たとえば硫黄や硝石、炭から火薬をつくる過程や石炭および灰からガラスをつくる過程が粒子のふるまいによって解説される。

火に関連する多くの物質と現象があつかわれているが、地震と火山についてはあまり語られない。地震は、内側のC層から上昇した蒸発物に由来する樹枝状の粒子が地中のひび割れやくぼみで濃集し、着火・爆発すると周囲を振動させて発生する。(13) このとき大地に割れ目があると、そこから爆発にともなう炎が吹きだしてイタリアの有名なエトナやヴェスヴィオのような火山となる。そこに硫黄や瀝青があると噴火は長期化する。しかし粒子論的な工夫を別にすれば、ここでも伝統的なアリストテレス流の用語と説明の名残をとどめてい

(11)『哲学原理』第四部第六五節、二二六頁。なおパラケルスス（Paracelsus, 1493/94-1541）については、菊地原洋平『パラケルススと魔術的ルネサンス』（勁草書房、二〇一三年）を参照。パラケルスス主義については、ディーバス（一九九九年）を参照。
(12)『哲学原理』第四部第七〇節、二二八頁。
(13)『哲学原理』第四部第七七節、二三〇頁。

る。[14]

磁石についての長い議論は、英国のギルバートの影響のもとに展開される。デカルトは、地球の磁場にとどまらず磁性一般を「三筋の条線が入った巻貝のようにねじれた小柱」に似た第一元素の溝のある粒子の運動としてとらえ、ねじれが逆向きになると極性が反対になると考える。[15] この説明は地球磁場についての図像とともに印象的だ。たんなる空想の産物ともいえるが、粒子によって磁力が作用する範囲を限定し、ルネサンスの自然哲学の伝統のもとに流布した共感や反発、隠れた性質といった諸概念が外見的には排除されている点が重要だろう。

最後のまとめと補足の部分に、宇宙も地球も「そこに形状と運動以外のなにも考慮せず、機械と同様に記述してきた」という有名な文言があらわれる。[16] 生物と人間についての説明が未完とはいえ、これでひととおりの自然現象をあつかったことになり、さまざまな粒子の結合についての想像にみちた自然学を語りおえるのだった。

2　デカルトの地球論の背景と問題

『方法序説』にも書かれているように、デカルトは修業時代に意識的に旅行して見聞をひろめ、訪問地はヨーロッパ各所におよんだ。なかでも注目しておきたいのが、一六二〇年代の初頭に敢行された二年間のイタリア旅行だ。少なくともアンコナ、ヴェネツィア、フィレンツェ、ローマを訪れたと推測され、フランスへの帰途は標高二〇八四メートルのモンスニ峠を越えた。[17]『気象学』にはこのときの体験が生かされていると推定される箇所がある。第七講でデカルトは、上方の雲が下方の雲のうえに雷鳴などをともなって落下する現象を記述し、つぎのように述べている――

それは、私が以前アルプスで五月ごろに目撃したつぎの現象を思いださせるが、それと同じ仕方なのだ。すなわち雪が太陽のために暖められて重くなると、空気のもっとも小さい動きでも十分に雪の大きな塊をにわかに落下させる。それは「雪崩《アヴァランシュ》」と呼ばれているが、その音は谷間に響きわたって雷鳴によく似ていた。[18]

---

(14) 伝統的な地震や火山の説明については Allen G. Debus, "Edward Jorden and the Fermentation of the Metals: An Iatrochemical Study of Terrestrial Phenomena," in Schneer (1969), 100-121; Rienk Vermij, "Subterranean Fire: Changing Theories of the Earth during the Renaissance," *Early Science and Medicine* 3 (1998), 323-347 を参照。

(15) 『哲学原理』第三部第九〇節、一四九頁。ギルバートについては、小林道夫「デカルトの自然哲学と自然学」、デカルト（一九八八年）、v-c: lxviii-lxxvii 頁も参照。

(16) 『哲学原理』第四部第一八八節、二九〇頁。

(17) ロディス＝レヴィス（一九九八年）、一〇六―一〇九頁：Clarke (2006), 71 も参照。

(18) デカルト『気象学』第七講、『著作集』第一巻二八六頁。

雪崩の音が雷鳴に似ている点から、雷鳴の原因が雲の雪崩現象だと推定しているのがわかる。このような気象についての実体験をふまえた類推から、ただちにデカルトの地球論の源泉が確定できるわけではない。しかし山地の形成をふくむ議論の一部に、こうした体験が生かされている可能性は高い。

他方、デカルトが自身の体系に世界の創成についての議論を挿入したとき、聖書の解釈が問題となったとしても不思議ではない。実際、一六一九年ごろに書かれた断片「思索私記」Cogitationes privatae では『創世記』の解釈にまで言及している。当時デカルトは教父アウグスティヌス（Augustinus, 354-430）の『創世記注解』*De Genesi ad litteram* を知り、『宇宙論』の著述をへて晩年まで『創世記』への関心をもちつづけたという[19]。ガリレオの断罪を聞いて『宇宙論』の執筆を中断した彼が、聖書と宇宙についての記述との関係に敏感でないわけはなかった。

当時のヨーロッパでは、地球の諸現象をめぐる知識が世界中から流入して組織化されつつあった。一六三〇年代のパリで活動した医師ルノドー（Théophraste Renaudot, 1586-1653）の周辺でも火山や山の起源などが議論され、文書として記録された[20]。デカルトが同様の話題に親しんでいたのは想像に難くない。そして「星や天、地球の一般的な記述のあとで」「地球上にある特殊なもの」をあつかうと三二年の書簡で述べている[21]。また『方法序説』では、地球の重力の問題や潮汐、水、熱帯地方の東風といった大気の循環、山や海、河川や泉の生成、鉱山に生じる金属、さらに火の本性や灰からガラスをつくる方法について記述する予定だと説明している[22]。潮汐については『宇宙論』第一二講で、水や大気の循環は『気象学』であつかわれるだろう。

デカルトの『気象学』は、コインブラのイエズス会士たちによるアリストテレスの注解書がおもな典拠だといわれている。[23] そもそも彼が光学や幾何学とともに気象学についての作品を執筆したのは、学校教育で使われるべき教科書を例示するためだった。だがさらに一歩進めて形而上学や自然学、宇宙論に劣らない紙幅を地球論に割いたのは、彼が台頭してきていたパラケルスス主義の影響をうけた地球観を強く意識していたからだろう。

　デカルトの盟友メルセンヌが批判した人々のなかにヴェネツィアの神学者ジョルジ（Francesco Zorzi, 1466-1540）、フランスのヘブライ学者ガファレル（Jacques Gaffarel, 1601-1681）、英国のパラケルスス主義者フラッド（Robert Fludd, 1574-1637）らがいた。[24] デカルトは二九年の書簡で、ガファレルの著作『前代未聞の驚異』*Curiositez inouyes* が「題名からして妄想以外のなにもつまっていないに違いない」と述べているが、メルセンヌから送られたその著作を知っていたのは明白だろう。[25] 前節で考察した地球創成についての図像に

（19）デカルト「思索私記」、『著作集』第四巻四四一頁。所雄章『デカルト』（講談社、一九八一年）、一一一―一一二頁も参照。
（20）Rappaport（1997）, 26.
（21）AT I: 243.
（22）『方法序説』第五部、『著作集』第一巻四八―四九頁。この段階では磁石論はない。
（23）Etienne Gilson, *Études sur le rôle de la pensée médiévale dans la formation du système cartésien*（Paris: Vrin, 1951）, 102-268; Roger Ariew, *Descartes and the Last Scholastics*（Ithaca: Cornell University Press, 1999）.
（24）Robert Lenoble, *Mersenne ou la naissance du mécanisme*（Paris: Vrin, 1943/1971）, 96-109.
（25）AT I: 25. Cf. Hiro Hirai（ed.）, *Jacques Gaffarel between Magic and Science*（Roma: Serra, 2014）.

よる表現も、フラッドによる天地創造の一連の解釈図を意識していた可能性がある。世界の創成をパラケルスス主義の枠組みで記述しようという試みが、当時ひろまりつつあった[26]。こうした流れを継承したイエズス会の碩学キルヒャーは、ミクロコスモスとジオコスモスのあいだの類比を基礎にして独自の議論を展開する。デカルトはこうした見解に批判的だったが、彼の手によるキルヒャーの著作からの抜書きが残っている事実が示すように、この人物の議論は無視できないものだった[27]。磁石についての一連の考察が『哲学原理』の末尾に追加されているのも、四一年に出版されたキルヒャーの『マグネス』への反応という面があるに違いない。

デカルトの地球論には以上のような背景があったと考えられる。実際、大地を構成する物質や火の作用についての冗長で執拗な議論も、パラケルスス主義の伝統を考慮しなければ理解しにくい。実際の仕組みがどうであれ、重要なのは確実な形而上学のもとにすべての自然現象を総合的に説明できる機械論的な自然の絵巻を提示するところにあった。しかし、まさにそこにこそ彼の地球論の弱点も胚胎した。

もちろんデカルトは、こうした対象をあつかうさいに生じる原理的な問題を自覚していたし、慎重に対処していたと考えられる。ここでは相互に関係する二点を指摘しておきたい。ひとつは彼が持論を「寓話」fableとして提示した点であり、もうひとつは不可視の事物を説明するという認識論的な問題である。

第一の点について、デカルトは『宇宙論』でつぎのように表現する――「この話〔宇宙論〕が長すぎて退屈されないように、ひとつの寓話を工夫して、そこに一部を包みこみたいと思う[28]」。また彼は『方法序説』で、「本書をひとつの物語として、あるいはその方がよければひとつの寓話として」提示するとも述べている。[29]

デカルトの態度は、聖書の記述に抵触するのを避けるための「一種の偽装」だったとも考えられている。[30]それが政治的な判断をともなうレトリックであるかどうかは、当時の宗教や社会の情勢から慎重に判断すべきだろう。しかしどれほど厳密に数理をもちいた宇宙論であっても、全体像を記述する段階では伽話のような要素が入りこむ余地がある。つまり知識の獲得と確実性にかかわる認識論的な問題があったと考えられるのだ。[31]

デカルトにとっては数学的な推論こそが確実さを保証し、必然的に生じる事物の連鎖を説明するはずだった。一方で彼は、つぎの点も認めていた――同様な外見と動きの時計でも内部の歯車の配置が違うように、同様な自然現象が異なる仕組みで起こる場合がある。感覚では捉えられない粒子の働きについても「感覚に

---

(26) ディーバス（一九九九年）、第四章：Kerry V. Magruder, "Global Visions and the Establishment of Theories of the Earth," *Centaurus* 48 (2006), 234–257.

(27) AT XI: 635–639.

(28) デカルト『宇宙論』第五章、『著作集』第四巻一五二頁。

(29) 『方法序説』第一部、『著作集』第一巻一四―一六頁。

(30) 近藤洋逸『デカルトの自然像』（岩波書店、一九五九年）、三七頁。

(31) Jean-Pierre Cavaillé, *Descartes et la fable du monde* (Paris: Vrin, 1991); Theo Verbeek, "The Invention of Nature: Descartes and Regius," in Gaukroger (2000), 149–167: 150.

よって知覚できるものを例として」推論すれば、妥当な知識を獲得できるという[32]。こうして多様な粒子の図像が描かれる。デカルトによれば、それらが「あらゆる自然現象に正確に対応しさえすれば」、とりあえずの確実性は保証されるというのだ。事物の生成についても、彼は「諸物の至高の製作者がすべての可視的なものを数多くの異なる仕方でつくることができたのは疑いない」と述べている[33]。

宇宙のように巨大な存在や地球の内部、過去の自然現象といった不可視の事象についても、適当なモデルによって一定の確実性のある知識を獲得できる。もちろんここから、ただちに自然の歴史的な展開、すなわち宇宙史や地球史の記述につながるわけではない。しかし議論の重要な前提になる点は強調してよいだろう。こうした手続きによって一連の宇宙や地球の生成図も描出できるようになった[34]。

ところで、デカルトが自然誌に関心をもっていたのは確実だろう[35]。しかし彼の哲学体系にそれが占めるべき場所はない。これはデカルトの方法論から帰結したことだが、壮大なプログラムにおける無視しがたい欠点でもある。蓄積された膨大な自然誌上の知識をどこに位置づけるのか、多くは保留されたままだ。たとえば先にみたように、デカルトは当時も問題になっていた化石の解釈に触れていない。自然における特殊なものや個別なものの生成を説明できない自然学は完全とはいえないだろう。この意味において彼は地球の歴史そのものを記述してはいないのであり、議論は空想にとどまった。それでは、デカルトの有力な批判者ガッサンディは、こうした問題にたいしてどのような態度をとっていたのだろうか。

3 ガッサンディの地球論

古代ギリシアの原子論を復興したガッサンディの名前を地球論の歴史にみることはほとんどない（図4）。しかし彼はこの方面でも著述活動をおこなっていた。[36] 彼の体系には確固とした地球についての議論があり、デカルトの地球論と対比されるべき内容をもっている。

たしかに人文主義の伝統を継承するガッサンディの著作は、デカルトに比べて冗長で近寄りがたい。しかし一七世紀後半のヨーロッパにおける哲学上の論争を両者の知的な遺産という観点からみたとき、デカルト主義者たちとガッサンディの教えを継承した人々との相克は、プラトンの比喩を借りて「神々と巨人たちと

（32）『哲学原理』第四部第二〇一節、二九八頁。

（33）『哲学原理』第四部第二〇四節、三〇〇頁。

（34）デカルトのモデルや図解の役割は Desmond M. Clarke, *Descartes' Philosophy of Science*（Manchester: Manchester University Press, 1982）, ch. 5; Brian S. Baigrie, "Descartes's Scientific Illustrations and 'la grande mécanique de la nature'," in *Picturing Knowledge: Historical and Philosophical Problems Concerning the Use of Art in Science*, ed. Brian S. Baigre（Toronto: University of Toronto Press, 1996）, 86-134 を参照。

（35）A・バイエ『デカルト伝』井沢義雄・井上庄七訳（講談社、一九七九年）、二五一頁。

（36）Ellenberger（1988）, I: 224-232; Hirai（2005）, 471-479.

図 4. ガッサンディの肖像——ガッサンディ『天文学綱要』(第三版) より

の戦い」とも呼ばれている。[37] そしてその主戦場のひとつが地球論だったのだ。

南仏の町ディーニュ近郊に生まれたガッサンディは、デカルトの手強い論争相手だった。しかし初期の作品『アリストテレス派にたいする逆説的な演習』*Exercitationes paradoxicae adversus Aristoteles*（アムステルダム、一六二四年）が示すように、彼は新科学を擁護する側にいた。[38] 実際に天文学への関心や音速、大気圧、物体の落下についての公開実験でよく知られている。ガッサンディが一六一七年より大学教授をつとめていた南仏の町エクスは人文主義の伝統が強く残り、彼のパトロンとなるペレスク（Nicolas-Claude Fabri de Peiresc, 1580–1637）のような有力者がいた[39]（図5）。この人物は自然誌や古物収集に関心をもち、ガリレオと親交を結び、キルヒャーをローマに送りこんでいる。

ガッサンディはその後、メルセンヌから示唆されて古代ギリシアの哲学者エピクロス（Epicuros, 341–270 BC）についての研究を開始した。さらに二八年からのオランダ旅行で自然学者ベークマン（Isaac Beeckman,

---

（37） Thomas M. Lennon, *The Battle of the Gods and Giants: The Legacies of Descartes and Gassendi, 1665–1715* (Princeton: Princeton University Press, 1993).

（38） Olivier R. Bloch, *La philosophie de Gassendi* (Den Haag: Nijhoff, 1971); 宗像恵「ガッサンディ」、小林（二〇〇七年）、第五巻一二七―一五四頁。

（39） Peter N. Miller, *Peiresc's Europe: Learning and Virtue in the Seventeenth Century* (New Haven: Yale University Press, 2000); Lisa Sarasohn, "Nicolas-Claude Fabri de Peiresc and the Patronage of the New Science in the Seventeenth Century," *Isis* 84 (1993), 70–90.

図 5. ペレスクの肖像──ガッサンディ『ペレスク伝』より

1588–1637）と知りあったのを契機に、原子論にもとづいた自然学を構想する。エピクロスの哲学は規準論・自然学・倫理学の三部門からなっていた。ガッサンディはこの枠組みを踏襲し、形而上学を認めず自然学的な探究によって神意を見出すという点でデカルトと著しい対比をなした。

足かけ二〇年にわたるガッサンディの研究成果は、『ディオゲネス・ラエルティオスの第一〇巻の注解』*Animadversiones in decimum librum Diogenis Laertii*（リヨン、一六四九年）として出版された(40)。これは題名のとおり、古代ギリシアの哲学史家ディオゲネス・ラエルティオス（Diogenes Laertios, 3c AD）によるエピクロス伝への注解となっている。ギリシア語の本文とラテン語訳に解説をつけて規準論・自然学・倫理学を展開した大著だった。自然学だけで半分以上の紙幅を占めるが、前半部分は原子の運動と物体の形状や性質、事物の発生などをテーマとし、デカルトの『哲学原理』でいえば第二部に相当する。一方の後半部分は「気象学」にあてられ、前編に天文学、後編に狭義の気象学を配置している。天文現象をふくむ自然の具体的な現象全体を「気象学」の対象とした点で特筆に値する。

後編における狭義の気象学は、雲や雨、風、地震、地下熱、泉や河の源泉、海の塩分、氷、雪、虹、極光、彗星、流星といったアリストテレス流の伝統的な内容を下敷きにしている。記述の多くは古代人たち理論の

(40) Pierre Gassendi, *Animadversiones in decimum librum Diogenis Laertii* (Lyon, 1649). 生理学史における位置づけは、本間栄男「『エピクロスへの註釈』（一六四九年）におけるガサンディの生理学」『化学史研究』第三一巻（二〇〇四年）、一六三—一七八頁を参照。

要約からはじまる人文主義的な百科事典の様式で、デカルトの『気象学』と比べて、古めかしさは歴然としていた。それではガッサンディは、デカルトが『哲学原理』の第四部で示したような地球論を描かなかったのだろうか。

じつは『注解』には、『エピクロス哲学の集成』*Philosophiae Epicuri syntagma* という付録があり、本論と同様の三部構成による哲学の概要が導入される。なかでも第二部は自然学を自然の事物一般・世界・大地・月下界と四分したうえで、「大地」の部で地震や水の特質、大地の諸物、磁石、動物の発生などをあつかい、『注解』本体とは異なる編成となっている。ここにふくまれる「大地の諸物」はわずか二頁だが、液汁や金属、岩と石類、植物という内容は、あきらかに遺作『哲学集成』の前触れとなっている。

死後出版の全集にふくまれた『哲学集成』*Syntagma philosophicum*（リヨン、一六五八年）は、ガッサンディが終生追究してやまなかった体系の到達点であり、論理学・自然学・倫理学の三部構成を踏襲している(41)（図6）。自然学は自然の事物全般・天界の事物・大地の事物の三分されるが、ここでは最後の「大地の事物」に注目しよう。

「大地の事物」は生命のないものと生命のあるものに大別され、生命のない事物には地球それ自体、「気象」と呼ばれる事象、石類と金属、植物がふくまれる（表1）。生命のあるものでは、動物の種類や霊魂、

(41) Gassendi, *Syntagma philosophicum*, in *Opera omnia* (Lyon, 1658) 仏語の要約版 François Bernier, *Abrégé de la philosophie de Gassendi* (Lyon, 1684; Paris: Fayard, 1992) も参照。

PETRI
GASSENDI
DINIENSIS
ECCLESIÆ PRÆPOSITI,
ET IN ACADEMIA PARISIENSI
MATHESEOS
REGII PROFESSORIS
OPERA OMNIA
IN SEX TOMOS DIVISA,
Quorum seriem pagina Præfationes proximè sequens continet.
Hactenus edita Auctor ante obitum recensuit, auxit, illustrauit.
Posthuma verò totius Naturæ explicationem complectentia, in lucem nunc primùm prodeunt, ex Bibliotheca illustris Viri
HENRICI LVDOVICI HABERTI MON-MORII
LIBELLORVM SVPPLICVM MAGISTRI.
TOMVS PRIMVS
QVO CONTINENTVR
SYNTAGMATIS PHILOSOPHICI,
In quo Capita præcipua totius Philosophiæ edisseruntur,
PARS PRIMA, siue LOGICA,
ITEMQVE
PARTIS SECVNDÆ, seu PHYSICÆ Sectiones duæ priores,
I. De Rebus Naturæ vniuersè II. De Rebus Cælestibus.
CVM INDICIBVS NECESSARIIS.

LVGDVNI,
Sumptibus LAVRENTII ANISSON, & IOAN. BAPT. DEVENET.
M. DC. LVIII.
CVM PRIVILEGIO REGIS.

図6. ガッサンディ『哲学集成』の扉

表 1. ガッサンディ『哲学集成』における「大地の事物」

前編　生命のない地の諸事物について（全 4 巻）

第 1 巻（7 章）　地球の形状と大きさ、居住地域、泉や河川の起源、潮汐、地球内部の液汁、地下の熱と地震、海の塩分や水の特質

第 2 巻（7 章）　風、雲と雨、露や雪、稲妻と雷鳴、雷と旋風、虹、極光

第 3 巻（6 章）　石類の生成、貴石、石化物や貝殻、磁石の特質、近年の磁石についての観察、金属とその変成

第 4 巻（6 章）　植物の霊魂と種類、諸部分、力能、起源と成長、栄養、成長

後編　生きている他の事物について、すなわち動物について（全 14 巻）

発生、感覚、知性などが議論され、人間も対象となっている。伝統的な気象学にあるはずの地震や海は対象からはずされ、鉱物学を独立の領域としたうえで、植物や動物までふくめた「大地の事物」の自然学を構成している。この「地球の自然学」というべき領域をガッサンディの地球論とみなせるだろう。

このようにガッサンディの地球論は、地球全般にかかわる事項、気象と呼ばれてきた領域、石類や金属など鉱物誌や磁石についての三部からなる。以下では、地球史の理解に直結する地下の発掘物についての記述を中心にみておこう。

第一巻にある「地球内部の液汁」に注目すると、地下からの「発掘物」fossilis は植物や動物とならぶ名称で、三つの特殊な項目である「石類」lapides,「金属」metalla,「鉱物」mineralia に区分されている。鉱物はさらに「土類」terra,「凝結液汁」succus concretus,「中間物あるいは鉱物性の混合物」media sive mista mineralia に分類され、それらの生成や作用が議論される。[42] なお油性の液汁は硫黄と瀝青になる。

一方、特定の物体の性質を保持する最小単位として「種子」semina または「分子」molecula が想定されている。これらの種子または分子は、たとえば塩の場合は小さい立方体、明礬《みょうばん》は八面体の形状をもち、顕微鏡でしか感知できない大きさとされる。[43]

(42) *Syntagma* II: 33b-34a.
(43) *Syntagma* II: 36b. ガッサンディの原子論と種子理論との関係は、ヒロ・ヒライ「ルネサンスの種子の理論：中世哲学と近代科学をつなぐミッシング・リンク」『思想』第九四四号（二〇〇二年）、一二九―一五二頁を参照。

つぎに石類や金属をあつかう第三巻に目を移そう。石類は硬くて密着する点で土や多くの液汁とは異なり、軟化せずに割れる点で金属とは異なる。また水にふたたび溶解しない点で塩や水性の液汁とは異なり、大部分は火によって熔けない点で金属や油性の液汁とは異なる。[44]原初に形成された大地の「骨」や石類がある一方で、現在でも石類は形成されつづけている。さまざまな混合物として石類が形成されるとき、熱または冷たさが諸原質の結合を早めて硬くするが、そのさい必要なのが「石化力」vis lapidifica で、「種子的な力」vis seminalis といってもよい。ここでは植物の種子との類比による表現が採用され、大麦や小麦の粒が穂のなかで形成されるのと同様に、水晶やアメジストは母岩のなかで形成されるという。[45]あきらかにガッサンディは、さまざまな鉱物の結晶が秩序正しい形状をつくりだすときに、それを統制する力の存在が不可欠であり、それは植物が多様な形状をともなって種子から成長するのと同様な作用であると考えている。

さらにガッサンディによれば、小石が集まって岩山をつくるには、石化液汁あるいは石化種子でみちた液汁がなければならない。フランス中部の町オーヴェルニュの小川でみられる水から沈殿した小石の場合も石化種子を考える必要があり、プロヴァンス地方の洞窟のなかに浸みだす水滴から石化物ができるのも石化液汁のせいとされる。[46]また山地のような大きな構造物についても種子的な力の作用は見出される。

それでは、ガッサンディは化石の問題をどのように解決しようとしたのだろうか。化石をふくむ「石化物」petrificata についての議論は第三章にある。彼によれば、こうした物体はもとから特殊な本性を与えられて産出した場所で生成したのではなく、二通りの方法で石化したのだという。第一は石の殻か石の覆いのように外的な形状だけをもつ場合で、貝やアンモナイトの殻は溶けてしまって刻印された痕跡だけが残される。第二は内的にも外的にも石類に変化した場合で、たとえば木材の化石がこれにあたる。ここで彼はペレスクによる現生の樹木の観察を紹介し、石の起源は植物なのが明白だろうという。またエクスの町の近郊で掘りだされた「骨石」osteolitha についても、同様の理由から石化の過程を解説している。

そうだとすると、なぜ海や湖に生息していたはずの生物の貝殻が、山のなかから産出するのだろうか。この疑問にたいしてガッサンディは、古代ローマの哲学者セネカの『自然研究』の記述を参考にして解説する。セネカは、地下に広大な貯水池があり多くの魚が存在すると報告していた。そして頻繁に起こる地震などの原因で貯水池の底が割れて、水が流出するのだという——

結果として魚や貝が乾いて残り、石化液汁がそこに流れこむ場合がある。液汁はすでに述べた理由でそれらに吸収され、前もって保持された形状で石になることもあるだろう。他方で留意されるのは、このような石は掘りだされて発見されたり、山のわきを過ぎさる奔流によって洗いだされたり、地震によって被われ［被いが外れ］たり、さらに他の理由によって出現する可能性があるのだ。(47)

(44) *Syntagma* II: 112a.
(45) *Syntagma* II: 114a.
(46) *Syntagma* II: 116b-117a.
(47) *Syntagma* II: 120b. セネカ『自然研究』第五巻第一五章第一節、『セネカ哲学全集』（岩波書店、二〇〇五年）、第三巻二四四頁も参照。

化石の問題については、『ペレスク伝』*De vita Fabricii de Peiresc*（パリ、一六四一年）でも見解が述べられている。こうした事柄はペレスクとの交流のなかで共有された知見だった[48]。たとえば一六一三年についての記述では巨人の骨への言及があり（第三巻）、三〇年の項では高山から見出される石化した魚や貝殻、ノアの洪水に触れている（第四巻）。そして翌年には、大きな骨は巨人に由来するのではなく、ゾウの遺物であると主張されるといった具合だ[49]。ガッサンディが多くの発掘物は生物に由来すると信じていたのは確実で、石化過程についても原子論と種子の理論にもとづいた独自の洞察をもっていた。

デカルトが一六三七年には地球論の構想を提出していたのにたいして、ガッサンディのそれは四九年の時点で構想が練られ、死後になって発表された。両者は、粒子論的な自然哲学の一部として旧来の気象学や鉱物学、磁石論などを再構成した点で共通している。しかしデカルトが視覚に訴える図像をもちいた明解な地球生成論のモデルを示したのにたいし、ガッサンディは人文主義の流れにある百科事典の形式で地理学的・鉱物学的な記載と説明につとめた[50]。またデカルトは化石の解釈には踏みこまなかったが、ガッサンディはペレスクとの交流のなかで実際の見聞にもとづいて三〇年代までにその意味を把握していた。

4　ステノにおけるデカルトとガッサンディ

ここまで、一七世紀の哲学における二人の巨人が提出した地球論の概要を考察した。物質についての考えには違いがあるが、両者ともに伝統的な気象学の内容を継承しながら新しい領域を開拓していた。同時に宇宙論との接合がはかられ、世界がどのようにして現在のような状態にいたったのかを説明する生成論と、それにもとづいて自然の歴史を記述しようとする態度が出現したと考えられる。こうした達成はつぎの世代にどのように受容されたのだろうか。ここではステノの学生時代の『カオス手稿』を手がかりに、その一端をみておこう。

　ステノの地球論における業績は、しばしばデカルト主義の枠内で説明される。たしかに彼は主著『プロドロムス』で、地層の形成についてデカルトに言及している[51]。地下に形成された大きな空洞へ地層が陥没して地表の形状がつくられるという発想は、デカルトから受容したのだろう。一方で、解剖学で到達した見解によって彼はデカルトの考えから距離をおくようになる。「脳の解剖についての講演」にみる批判は、デカルト派とガッサンディ派の論争で後者を優位に立たせるものだった[52]。ステノがメディチ家の宮廷に迎えられ、

（48） Gassendi, *De Nicolai Claudii Fabricii de Peiresc... vita*（Paris, 1641）, repr. in *Opera omnia*（Lyon, 1658）, V: 237–362. Cf. Hirai（2005）, 468–469.

（49） Gassendi, *Opera omnia*, V: 279b–280b, 306a, 308b.

（50） ガッサンディは個別の記述を重視する歴史家でもあった点は Lynn Sumida Joy, *Gassendi the Atomist: Advocate of History in an Age of Science*（Cambridge: Cambridge University Press, 1987）を参照。

（51） ステノ『プロドロムス』第三部、六一頁。本書の第六章第三節も参照。

（52） Gustav Scherz, *Nicolaus Steno's Lecture on the Anatomy of the Brain*（København: Nyt Nordisk, 1965）, 61–103.

はじめて公然と化石の起源について議論した『サメの頭部の解剖』では、ガッサンディの貢献にたいし敬意を払っている——

食物の多様性がミクロコスモス〔身体〕の体液中にもたらすものを、同様に太陽と月の諸変化などさまざまな変化が、大地の体液中に生成させるかもしれない。同じ点をフランスの光明ガッサンディが、非常に明白な例によって彼の哲学中で石類の生成を説明するときに確証している。(53)

ここで言及されているガッサンディによる石類の説明とは、すでに触れた『哲学集成』にある自然学の「大地の事物」第三巻の記述に間違いないだろう。

ところで『カオス手稿』には、ガッサンディの『ディオゲネス・ラエルティオス注解』からの長い抜粋がある。(54)ステノの師ボリキウスが彼にガッサンディの書物を推薦し、自らの抜書きを貸したのがきっかけだった。ここではとくに地球の大気や磁石、世界の起源と終末、人間の起源、地球の形状、気象、地震、温泉といった地球についての話題が引用されている。

抜書きは自然学における真空の説明からはじまり、原子の特性や形状、運動、大きさの記述をへて、さまざまな物質のもつ性質、たとえば色や希薄性、濃密性、流動性、隠れた性質におよぶ。「世界の起源」origo mundiでは、世界に始点があるという エピクロスの考えは妥当だが、世界が無限にあって原子の偶然による衝突で出現するとするのは妥当性を欠くという言及が筆写されている。世界が無秩序《カオス》、つまり不可視の物質から生じたと聖書にあるのは真実だという。狭義の気象では雲や雨、風、地震、ナイルの水源、海の塩分、氷、雪などの項目が引用され、これらにたいする若きステノの具体的な関心が読みとれる。

本文以外で興味を引くのは、師ボリキウスがガッサンディを批判する意見を記録しているところだろう。たとえば「冷却する原子」frigorifera atomus についての議論では、凍結する前後で重さの変化がないので、このような原子は氷には存在しないはずだと反駁している。(55) こうした現実あるいは仮想の実験や観察にもとづいた批判は随所でおこなわれている。

『ディオゲネス・ラエルティオス注解』以外の著作では、『ペレスク伝』をとりあげて地下火の活動について筆写している。(56) 地下火が地表にでる通路が存在し、通常は瀝青質の煙が海水の浸入をふせぎ地殻を支えているが、どこかで海水が地下に引きこまれると、可燃性の物質と混ぜられて噴火するという。五九年の時点でステノは、物質についての考察をふくむ地球論的な主題に親しんでいたのがわかる。

それでは発掘物の起源についてはどうだろうか。ステノは『サメの頭部の解剖』において、地中から掘りだされた動物の部分に似た物体についての観察から化石が生物を起源にもつと推論している。(57) そこで触れら

---

(53) Steno, *Canis Carchariae dissectum caput* (Firenze, 1667), 103 = *GP*, 106 = *BOP*, 591. Cf. *Syntagma* II: 115a.
(54) *Chaos*, col. 161-184 = Ziggelaar, 393-447.
(55) *Chaos*, col. 171 = Ziggelaar, 415.
(56) *Chaos*, col. 102 = Ziggelaar, 258. Cf. Gassendi, *Opera omnia*, V: 314. 一六三二年の項目。
(57) 本書の第六章第二節を参照。

れている貝殻の発掘物と実際の生物が細部もよく似ているという指摘や生物の諸部位がもつ機能への着目は、ペレスクとガッサンディによる植物の葉脈やのこぎり状の葉の外形の観察でもみられるものだ。ペレスクが関心をもっていたゾウの化石である「巨人の骨」について、ステノはかつて大きな体躯の人間が存在した点を否定はしないが、トスカーナ地方の平原で見出された大きな頭蓋骨や大腿骨、肩甲骨はアフリカで使われている家畜か大きなゾウに由来すると推定している(58)。

サメの頭部の解剖から約二〇カ月後に完成された『プロドロムス』のなかで、ステノが自らの研究を「自然学と地理学」physica et geographia に貢献すると書いたとき、その「自然学」はもちろん古代からの伝統的な学問分野を指しているには違いない。しかし具体的な議論としては、ガッサンディの著作が念頭にあった可能性が大きい(59)。以上の抜書きにくわえて、彼がガッサンディの『哲学集成』を参照していたのは確実だろう。『プロドロムス』には「偉大なガリレオ」を称賛している箇所があり、この時点でステノはむしろガリレオやペレスク、ガッサンディらにみられる経験主義的な方法を重視していたとも考えられる(60)。

しかしステノをガッサンディ主義者と呼ぶのは早計だろう。彼は自らの物質についての理解が、どのような立場をとっても正しいと認められると明言している——「ある者が物質を原子と考えようが、あるいは幾千とない仕方で変化する微粒子と考えようが、あるいは四元素と考えようが、あるいは化学者たちのあいだで意見の相違を説明するように定められたいかなる化学的な原質と考えようが、どんな場合でも通用する(61)」。いいかえると、彼の提出した「固体のなかの固体」から物体の生成の順序を割りだす原理は、どんな物質理論をとろうが経験的に成立するというわけだ。

一方、経験の弁護者たちが確実な自然の諸原理を退けて顧みなかったり、自分で見出した原理を証明済みとしてしまったりすると指摘して、ステノは経験論者でもおちいる独断的な態度を批判している。[62]これはデカルト派にせよガッサンディ派にせよ、いかなる自然の探求者もこのような態度をとったら批判を免れないと考える懐疑主義の表明ともとれる。[63]

ステノがデカルトの影響下にあったのは疑いようがない。しかし鉱物や化石の成因についてはガッサンディの方が、豊富な具体例とそれにもとづいた理論を提供していた。ステノによる鉱物や化石の研究とそれらが地球の歴史においてもつ意味についての議論は、その源泉にガッサンディの著作があったと結論してよいだろう。

(58) 『プロドロムス』第三部、一〇一頁と一〇三頁。
(59) 『プロドロムス』序文、七頁。
(60) 『プロドロムス』第三部、八八頁。
(61) 『プロドロムス』第一部、二五頁。
(62) 『プロドロムス』第一部、二二頁。
(63) 懐疑主義の問題はR・H・ポプキン『懐疑：近世哲学の源流』野田又夫・岩坪紹夫訳（紀伊國屋書店、一九八一年）；アシュワース・Jr（一九九四年）を参照。

第三章　キルヒャーの磁気と地下の世界

博学のイエズス会士アタナシウス・キルヒャーは、イタリアのヴェスヴィオ火山を探検した人物として知られる（図1）。彼の地球観は、デカルトの機械論的なモデルとは対極的なものとみなされてきた。今日その大部の著作はほとんど読まれないが、一七世紀をとおして非常によく参照されたことから、当時の地球論を考えるうえで避けてとおることができない。

本章では、キルヒャーが一六三〇年代以降どのようにして独自のジオコスモス像を形成していったのかを跡づけよう。とくに彼が四〇年代に提唱した磁気哲学を自然学的・地理学的な側面から分析し、独特な地下の世界に分けいってみたい。

1　キルヒャーのイタリア体験——碩学が生まれるまで

キルヒャーは、一六〇二年にドイツ中部の町フルダ近郊に九人兄弟の末子として生まれた[1]。イエズス会の

図1．キルヒャーの肖像——キルヒャー『中国図説』より

神学校を修了後、ドイツ各地で勉学し二八年に司祭となる。イエズス会はアジアにおける布教活動の地歩を固めつつあり、キルヒャーも中国への派遣を願いでたが、それは実現されなかった。彼はこの時期の自然学上の探求をまとめ、小冊子『磁石の術』*Ars magnesia*（ヴュルツブルク、一六三一年）を処女作として出版している。

当時は三〇年戦争のただなかにあり、ドイツ各地がキリスト教の新旧両派の戦場になっていた。三一年一〇月、グスタフ・アドルフ二世（Gustav Adolf II, rg. 1611-1632）に率いられたスウェーデン軍がヴュルツブルクの町に侵攻し、イエズス会士たちを追放しにかかった。難を恐れたキルヒャーはマインツの町からフランスへむかった。いわば政治難民としてリヨン経由でアヴィニョンの町に達し、そこで前章で触れたペレスクの知遇を得る。古遺物に関心をもつ後者は、自らの史料を見せてエジプト研究を奨励した。[2] ペレスクの親友ガッサンディは、キルヒャーについて「真に偉大な博識をもつ人」という印象を書き残している。[3]

三三年にキルヒャーは、神聖ローマ皇帝フェルディナンド二世（Ferdinand II, rg. 1619-1637）から「帝国

（1） Conor Reilly, *Athanasius Kircher: Master of a Hundred Arts 1602-1680* (Roma: Edizioni del Mondo, 1974); J・ゴドウィン『キルヒャーの世界図鑑』川島昭夫訳（工作舎、一九八六年）; José Alfredo Bach, *Athanasius Kircher and His Method: A Study in the Relations of the Arts and Sciences in the Seventeenth Century*, Ph. D. diss. (University of Oklahoma, 1985), 1-55; John E. Fletcher, *A Study of the Life and Works of Athanasius Kircher 'Germanus Incredibilis'* (Leiden: Brill, 2011); Mark A. Waddell, *Jesuit Science and the End of Nature's Secrets* (Aldershot: Ashgate, 2015), ch. 5.

数学官」Caesaris mathematicus に任命されて首都ウィーンにむかった。ところが途中で乗船した船が遭難し、漂着した場所の関係でローマを訪れた。かねてからペレスクはキルヒャーを教皇庁に推薦しており、当地で思わぬ歓待をうける。さらに南ドイツ出身の天文学者シャイナー（Christoph Scheiner, 1575-1650）の後任としてイエズス会の教育制度の頂点にあるコレージョ・ロマーノに迎えられ、八〇年に死去するまで教育と著述活動に専念する。彼は各地から来訪する多数の名士と会い、さまざまな情報に接した。とりわけ海外に布教に出かける多くのイエズス会士を弟子にもち、彼らの通信網の中心を占めたことは重要な意味をもった。

キルヒャーは三七年に、ヘッセン＝ダルムシュタット方伯ゲオルク二世（Georg II von Hessen-Darmstadt, rg. 1626-1661）の弟フリードリッヒ公（Friedrich von Hessen-Darmstadt, 1616-1682）に随行してイタリア南部を旅行した。キルヒャーの尽力もあって、公はカトリックに改宗したばかりだった。一行はシチリア島にわたり、南方のマルタ島にまで到達した。キルヒャーは一団から離れて独自の調査もおこなっている。古代ギリシアの数学者アルキメデス（Archimedes, 287?-212 BC）の逸話の残るシラクーザの町では、太陽光を集めてローマ軍の船を焼いたという鏡の設置場所について検討した[4]。

旅行中、一行は火山活動や地震を目の当たりにする。帰途の三八年三月にはエトナやストロンボリの火山の噴火を目撃する一方で、カラブリア地方では地震に遭遇して町が崩壊するのをみた。後年の大著『地下世界』（アムステルダム、一六六四年）の一節で、彼はつぎのように述べている——

そしてついに静かになるとともに、サンタ・エウフェミアの城市（そこからわれわれのところまでほんの三千［歩尺］しかなかった）が巨大な雲に隠れるのをみた。雲が次第に晴れるにしたがって、町がわずかな痕跡も残さず飲みこまれ、以前には存在しなかった湖がその場所に出現してきているのがわかった。事態は私の魂を震撼させ、ほとんど言葉で表現できない。(5)

さらにナポリに到着するや、キルヒャーは案内人を雇って噴煙のあがるヴェスヴィオ火山に登り、噴火口の探検を敢行した（図2）。彼らは火口内で一夜を過ごし、可能なかぎりそこを下降した。こうした体験が『地下世界』を執筆する強い動機になったのは疑いない。

キルヒャーが出版した多様なジャンルの書物のうち、本章のテーマから注目しておきたいものに以下の諸作がある——最初の体系的な書物『マグネス』*Magnes*（ローマ、一六四一年）、後年の地下世界論の先駆けと

（2） これは『エジプト語の復元』*Lingua Aegyptiaca restituta*（Roma, 1644）と『パンフィリのオベリスク』*Obeliscus Pamphilius*（Roma, 1650）に結実する。ペレスクとキルヒャーの関係については Peter N. Miller, "Copts and Scholars: Athanasius Kircher in Peiresc's Republic of Letters," in *Athanasius Kircher: The Last Man Who Knew Everything*, ed. Paula Findlen（London: Routledge, 2004）, 133–148 を参照。

（3） Gassendi, *Opera omnia*, V: 313.

（4） William E. Knowles Middleton, "Archimedes, Kircher, Buffon, and the Burning-Mirrors," *Isis* 52（1961）, 533–543: 535–536.

（5） Athanasius Kircher, *Mundus subterraneus*（Amsterdam, 1665）, I: 221–222.

図 2. ヴェスヴィオ火山――キルヒャー『地下世界』より

なる『忘我の旅』*Itinerarium exstaticum*（ローマ、一六五六年）、自然誌の情報をふくむ『中国図説』*China illustrata*（アムステルダム、一六六七年）、旧約聖書の『創世記』の物語を解説した『ノアの方舟』*Arca Noë*（アムステルダム、一六七五年）。『マグネス』は『地下世界』とともに後述するので残りを概観しておこう。

まず『忘我の旅』は、キルヒャーとおぼしき主人公が恍惚状態になり、天空を飛翔して天文学者ティコ・ブラーエの体系にもとづく宇宙像を描写した作品である。古代ローマの哲学者キケロ（Cicero, 106–43 BC）の『スキピオの夢』*Somnium Scipionis* やティコの後継者ケプラーの『夢』*Somnium* に連なる系譜の夢語りとなっている。(6) 第二部は副題「地下世界への前駆」mundi subterranei prodromus からわかるように、『地下世界』の出版を予告しつつ地球の構造について三つの対話篇をつむぎだす。(7)

つぎの『中国図説』では、第四部の地誌と自然誌に注目しよう。(8) 政治体制や都市と民俗をあつかったのち、山地、湖や川などの水系から動植物の記載にうつり、最後に石類と鉱物について述べている。「石類や鉱物界において少なからず「自然の戯れ」naturae ludibria が見出されるのは、中国の地図帳などの著作者たちが証言するところである」とはじまる最終章では、『地下世界』を縦横に参照しながら解説する。中国の「大地を探索する者」geologus たちが伝えるところでは、陝西省で見出される石は月の満ち欠けにしたがって成

（6）Kircher, *Itinerarium exstaticum*（Roma, 1656）.

（7）John E. Fletcher, "Astronomy in the Life and Correspondence of Athanasius Kircher," *Isis* 61（1970）, 52–67: 58–59.

（8）Kircher, *China illustrata*（Amsterdam, 1667）= *China illustrata*（Muskogee: Indian University Press, 1987）.

長するため、この石をヨーロッパにおけるセレナイトに擬したうえで、タルクの一種ではないかと推定する[9]。他方では一六二五年に出土した西安の「大秦景教流行中国碑」に言及しており、キルヒャーの関心が中国文明の西方起源説にあったことを示している[10]。

そしてスペイン王カルロス二世（Carlos II, rg. 1665-1700）に捧げられた『ノアの方舟』は精密な挿絵が読者の目を奪う。書名のとおり旧約聖書の『創世記』にみられる「大洪水」を題材としたもので、方舟に乗せられた動物と排除された動物がともに描かれた自然誌の作品とも理解できる。キルヒャーは洪水による陸地の分布の変化を世界地図に書きしるしているが、ここには聖書解釈の地理学的・年代学的な問題が存在する[11]。なお、古代都市ローマを描いた作品『ラティウム』*Latium*（アムステルダム、一六七一年）をみると、キルヒャーはローマ周辺にある古代の遺跡を実地に調査していたのがわかる。ここで彼は、アルバ湖が火口湖であると見抜いてクレーターの図版を挿入している[12]。彼の著作はどれも、空想にみちた荒唐無稽な印象を後代の読者に与えがちだが、じつは史料や経験にもとづいた記載という性格をもっていた。

2　地球論としての『マグネス』

キルヒャーは生涯に、上述の『磁石の術』をふくむ磁気についての三つの著作を出版している[13]。なかでももっとも重要なのが、一六四一年に初版が公刊された『マグネス』である。その内容はただちにデカルトたちの批判を招いたため、彼は訂正増補した第二版を四三年にケルンで、さらに第三版を五四年にローマで出版した。[14] メルセンヌやガッサンディといった同時代の自然学者たちだけではなく、一七世紀後半に活躍した英国のボイル（Robert Boyle, 1627-1691）なども目をとおしたのは確実で、ステノもケルン版に親しんでいた。『マグネス』の目的は「磁気世界」の記述にあった。それは、磁気にまつわるあらゆる現象を集成した百科事典であるとともに、万象をこの観点から説明しようとする哲学書だった。ギルバートの著作がもっていた地球論的な要素をうけつぐ一方で、潮汐・海流の原因や鉱物結晶の形成、生物の自然発生の問題など『地下世界』の先駆けをなす要素も多くふくんでいる（表1）。アリストテレス主義にルネサンス・プラトン主義を加味した体系のもとに、星辰の地上への影響や生気論な原理を採用しているともいわれる。[15]

（9） *China illustrata*, 205-206 = 198.
（10） 桑原隲藏「大秦景教流行中國碑に就いて」『桑原隲藏全集』（岩波書店、一九六八年）、第一巻三八六―四〇九頁；Florence Hsia, "Athanasius Kircher's *China Illustrata* (1667): An Apologia Pro Vita Sua," in Findlen (2004), 383-404.
（11） ゴドウィン（一九八六年）、七三―九四頁；Anthony Grafton, "Kircher's Chronology," in Findlen (2004), 171-187: 181-182.
（12） ゴドウィン（一九八六年）、一一三―一二八頁。
（13） 第三作は *Magneticum naturae regnum sive disceptatio physiologica de triplici in natura rerum magnete*（Roma, 1667）である。
（14） Kircher, *Magnes siue de arte magnetica opus*（Roma, 1641; Köln, 1643; Roma, 1654）. 以下の引用では第二版を採用した。

表1.『マグネス』第2版の構成

第1巻　磁気の術、磁石の本性と能力
　第1部　緒言、磁石一般
　第2部　小定理、すべておよび個々の磁石の効果と特性
第2巻　応用された磁石、この石のさまざまな用途
　第1部　磁気静力学
　第2部　磁気幾何学
　第3部　磁気天文学
　第4部　磁気自然魔術
　第5部　磁気地理学
　第6部　磁気航海学
第3巻　磁気世界あるいは磁気連鎖、宇宙の全自然物の結合された磁気の探求
　第1部　大地や諸惑星、諸天体の磁気作用あるいは磁気的な諸運動
　第2部　諸元素の磁気作用または磁気的な力能
　第3部　大地全体の磁力および個々の不均一な部分に与えられた磁力
　第4部　太陽と月の海あるいは水元素への磁気作用
　第5部　植物の磁気的な力能
　第6部　動物の磁気的な力能あるいは動物の磁気作用
　第7部　医学的な事物の磁気作用
　第8部　音楽の磁気作用
　第9部　愛の磁気作用
　第10部　磁石のエピローグ、全自然の磁石である全能の神

初版には地球論の観点から見逃せない口絵がある（図3）。これはキルヒャーにとっての学問体系を示したもので、鬱蒼とした大樹の中央に「原型世界」mundus archetypus が鎮座し、まわりを一四の円がとり囲んでいる。そして上から右回りに、神学や哲学、自然学といった分野が書きこまれ、たがいに鎖で結ばれている。注意したいのが、原型世界と円周を媒介する場所を占める正三角形で、上方の頂点に「星界」mundus sydereus, 右下に「身体」microcosmus, 左下に「月下界」mundus sublunaris を配している。従来のマクロコスモスとミクロコスモスの照応は、前者がさらに「星界」と「月下界」に分かれることで三極の照応という枠組みに移行している。[16]「月下界」をジオコスモスととれば、存在の根源から生じた三つのコスモスが、三位一体に対応するかのように描かれているともいえるだろう。いずれにしてもこの時点でキルヒャーは、世界を理解するうえで不可欠な要素として地球を認識していたと考えられる。

『マグネス』の第一巻では、磁石と磁気現象をあつかうための基本となる用語や考えが、一般的な叙述と三三の小定理によって解説される。まず「磁石」magnes の語源から、鉄とその発生、磁石の種類と分類にくわえ、ヘブライ人やエジプト人、カルデア人、ペルシア人たちの知識、そして航海術における発明までをあつかう。

（15） Martha Baldwin, *Athanasius Kircher and the Magnetic Philosophy*, Ph. D. diss. (University of Chicago, 1987), 41-46.

（16）『地下世界』第二冊の扉では、古代ギリシアの神オルペウスに帰される三つの原初的な自然が言及され、とくに「パントモルフォス」は原型世界で神、星界で天（ウラノス）、天使界で第一の精神を具現するとされる。

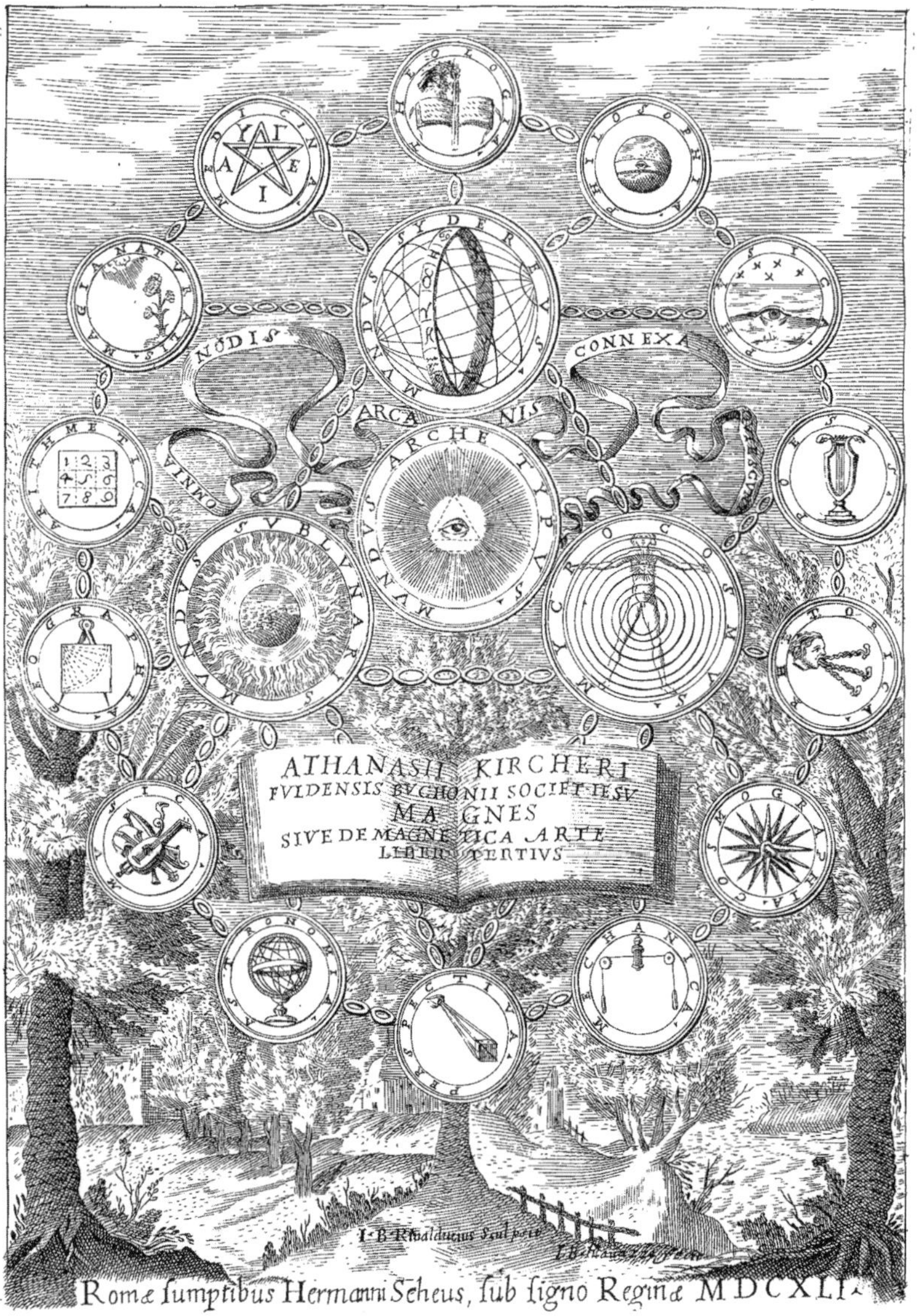

図 3. 学問の連環——キルヒャー『マグネス』（初版）より

定理の冒頭では、磁石が「鉱物体あるいは発掘物」corpus minerale seu fossile であると確認して、それらの生成を問題にしている。ここでキルヒャーは、古代ローマの哲学者セネカの『自然研究』やパラケルスス主義者たちの提唱する三原質に言及しつつ、つぎのように述べる。石類が形成されるのは、物質に内在するにせよ、外界から作用するにせよ、なんらかの「石化力」vis lapidifica によって形状がつくられ、同時に塩分の多い「液汁」succus によって土や粘土・陶土が凝結されるからだ。ここまではアグリコラ以降の通常の考えとみなしてよいだろう。

問題はつぎの点だ。キルヒャーによれば、これらの鉱物は神によってまず「事物の種床」rerum seminaria のかたちで創造されたのであって、アリストテレスやガレノスといった古代の異教徒たちの主張するような四元素の混合からできたのではない。もし事物の種子的な形相が四元素からなる物質から生じるというなら、神はただ理由もなく大地に「事物の種子」rerum semina を植えつけたことになるだろう(17)。こうしてキルヒャーの石化力は生物学的な次元をもつ。たとえば水晶は、冷や熱といった四元素の性質からだけでは生じず、このような石化の力によって、ちょうど植物が成長するように増大することになる。

石類を磁石にする「磁力」magnetica vis とはどのようなものなのだろうか。磁石は「自然によって限定された一定の諸力に貫通されていて、それによって諸物体を自らに引きつけたり、本性に合致する極へとむけ

(17) *Magnes*, 1. 1. 2. 5. キルヒャーにおける種子の理論は Hiro Hirai, "Interprétation chymique de la création et origine corpusculaire de la vie chez *Athanasius Kircher*," Annals of Science 64 (2007), 217–234 を参照。

られたりする」性向をもつとされる[18]。また第二巻は、磁石の力はつねに地球上のある位置との関係で規定されることを具体的に議論している。たとえば「磁気的な地理学」では、世界各地に派遣されたイエズス会士たちから提供されたデータをもちいながら、地磁気の水平方向や南北方向からの偏差の問題をとりあげている。

第三巻ではさまざまな主題が多くの実験をともなった具体例とともにあつかわれ、対象となるのは天体から神にいたる森羅万象におよぶ。まず目にとまるのがギルバートやケプラーの論駁で、とくにコペルニクスの体系を批判している。キルヒャーは、地球が巨大な磁石だという命題にたいして「地球は磁気的なものであるが磁石ではない」と主張する[19]。というのも、もし地球が磁石なら、その巨大さから強大な磁力を生じるはずだが、実際にはそうではないからだという。こうした見解はガッサンディやオランダのホイヘンス(Christiaan Huygens, 1629-1695)らの批判を招いたが、デカルトが粒子による磁気の説明を精緻化するきっかけにもなったと推測される。

気象における磁気作用は地球論にとって重要な役割を演じる。第二部でキルヒャーは「磁気気象学的な術」ars magnetico-meteorologica と称して、降雨や風、火山噴火の原因を説明するだけではなく、幾何学的な形状が石のなかにできる理由についても解釈を試みている。彼は、友人である自然学者マルクス・マルキ(Johann Marcus Marci, 1595-1667)の著作やケプラーの雪の結晶についての小著、デカルトの『気象学』に言及する[20]。そしてつぎのように述べる――

そこで私が思うに、物体が自らを保ち可能なかぎり成長できるように、賢明な自然によって導入された力が自然の各事物の中心に埋めこまれている。この力はいくつかの［方向にむかう］放射によって周囲に伸長するが、すべての方向でつねに［等しく］球状をなすのではなく、しばしば一部は他よりも長くなる。この理由から種子の中心にある形成力は、物体の諸部分を［一様な］球ではなく、中心からの遠近に応じて配置する。植物にやどる種子力はそれぞれのやり方で、球や円錐あるいは凹凸やレンズのそれぞれの形状に果実をつくり、花でも球や円錐、五角形、六角形、他の多角形といった花のもとになるものを表面に押しだす。同様になんらかの類比によって、発掘物とくに明礬や礬類、水晶などのように塩を起源とする石類では、［それらの］本性の中心になんらかの力がやどっている。そして粒子に他の粒子を付加することで、自身に似た微小で同質の粒子を引きつけるが、いつも等しい放射というわけではなく、ある部分がしばしば長くなる。これは力の強さにしたがうので、残りの部分は力が小さくなるのに応じて弱くなり［短く］なる［…］。(21)

(18) *Magnes*, 1. 2, definitio 1, 33.
(19) *Magnes*, 3. 1. 1, 478.
(20) マルクス・マルキの著作は Johannes Marcus Marci, *Idearum operatricium idea* (Praha, 1635) を参照。キルヒャーとの関係については Hirai (2007), 226-227; Fletcher (2011), 287-290 も参照。
(21) *Magnes*, 3. 2. 4, 554.

キルヒャーは、これらの問題が『地下世界』で詳しく展開されるだろうと予告する。また第三部では、大地の不均一な部分として発掘物やコハク、金属樹などをあつかい、第四部に入ると潮汐をふくめた地上の水にたいする太陽や月の影響を磁気作用として議論している。

生物についてはどうだろうか。第五部では植物の年輪や接木、毒性、向日性などが、第六部では動物磁気の話題がとりあげられる。磁石を切断するとふたつの断片それぞれが独立した磁石になるが、切断された植物の場合も同様な理由で接木が可能になるという。動物の性向も磁気的なものと理解すると、各種の共感と反感で叙述できるようになる。

第七部の医学的な作用にいたっては、鉄や鋼の医学上の用途や毒素の磁気作用、人体各部の磁気的な力能、健康増進法、「想像の磁気作用」magnetismus imaginationis まであつかっている。心理的・精神的な磁気作用とでも呼べるものも考察の対象であり、つづいて音楽的な磁力、魅力の磁気作用、そして最後には神学的な磁気作用とでもいうべき、神は全自然の磁石だという哲学が開陳される。

すでに触れたように、キルヒャーは「種子力」vis seminalis や「中心力」vis centralis とともに「形成力」vis plastica によって鉱物の生成を説明していた。想像力の磁気作用においても形成力をもちいた事物の発生の解説をしている。キルヒャーの形成力は、地下の諸物の生成を一手に引きうけて世界を秩序ある存在にする普遍的な力を表現している。この発想のさらなる展開は、『地下世界』の「パンスペルミア」panspermia の概念に見出せよう。

3 『マグネス』から『地下世界』へ

キルヒャーの『地下世界』は南イタリアでの体験を契機に構想された著作であり、『マグネス』での記述から判断して一六四〇年代の初頭には構成が固まっていたようだ。彼は当時、地理学的な情報の集積のために世界的な通信網を利用した『地理学計画』*Consilium geographicum* も立ちあげようとしていた。[22] しかし他の著作とのかねあいで執筆は遅れ、最終的に原稿が完成したのは六二年のことだった。[23] 英国王立協会の秘書オルデンブルク（Henry Oldenburg, 1619-1677）による幾つかの書簡からわかるように、ようやく六四年の終わりにかけて日の目をみた。[24]『地下世界』には三つの版があり、それぞれ六四・六五年、六五年、七八年に

（22） Michael John Gorman, "The Angel and the Compass: Athanasius Kircher's Magnetic Geography," in Findlen (2004), 239-259: 241.

（23）『光と影の大いなる術』*Ars magna lucis et umbrae*（Roma, 1646）や『普遍音楽』*Musurgia universalis*（Roma, 1650）のほかに、エジプト学の大著『エジプトのオイディプス』*Oedipus Aegyptiacus*（Roma, 1652-1654）を出版している。後者については Daniel Stolzenberg, *Egyptian Oedipus: Athanasius Kircher and the Secrets of Antiquity*（Chicago: University of Chicago Press, 2013）を参照。

（24） Rupert Hall & Marie Boas Hall（eds.）, *The Correspondence of Henry Oldenburg*（Madison: University of Wisconsin Press, 1966）, II: 206-211, 497-501, 565-568.

アムステルダムで出版された（図4と表2）。

『地下世界』全二冊は、教皇アレクサンデル七世（Alexander VII, rg. 1655–1667）への献辞のあと、ふたつの長い序文からはじまる。最初の序文では、南イタリア旅行の経緯が説明されている。カラブリアで発生した三八年の恐るべき地震を契機に、「一四日間の長期にわたり著者が自身の命を危険にさらして偉大なる自然の秘密を学んだ」成果であると強調されている。[25] ヴェスヴィオ火山の図像は、中央火口より溶岩を流し三筋の噴煙をあげる火山を描きだして、まがまがしさと畏怖の念を起こさせる（図2）。

『地下世界』は全一二巻からなり、多くの図版で飾られている。最初の二巻はそれぞれ「中心誌または中心知」、「ジオコスモスの技術学」と聞きなれない題名だが、キルヒャーの地球論における前提と基本を解説している。第三巻から第八巻まで、あるいはそれに第一〇巻の冶金学をくわえたものが狭義の地球論といえよう。地球における水や火の役割と循環、泉や河川の起源、発掘物の分類と起源といった題材をあつかい、内容的には『マグネス』の気象論的な部分をうけついでいる。最後の二巻は彼の地球論の背景をなすキミアと種子の哲学を深化させたもので、多くの紙幅が割されていて彼が精力を傾注した部分だとわかる。

『地下世界』の第一巻で展開される「中心誌」centrographicus は、地球の中心部にかかわる幾何学的で運動学的な分析を展開する。落下や斜面の運動など各種の運動をあつかう節は「自然学的な数学」physico-mathematica と題され、ガリレオやガッサンディにも言及している。[26] しかし、キルヒャーは基本的にアリス

(25) *Mundus*, Praefatio 1, I: sig. **2 v.

図 4. キルヒャー『地下世界』の扉

表 2.『地下世界』の構成

第 1 巻	中心誌または中心知
第 2 巻	ジオコスモスの技術学、あるいは驚くべき地球体の活動
第 3 巻	水誌、あるいは大洋の本性と由来および外部や内部の運動、同様に大洋の永続的な周環流および事物の本性におけるその他の驚異的な効果
第 4 巻	火誌、地下の火、風、河川、泉の由来
第 5 巻	湖、河川、泉の本性と特性およびそれらの地下からの由来
第 6 巻	自然の事物の四元素、土、土元素から生成されるもの、地下世界の最初の所産
第 7 巻	もともと大地の元素に近いとされる鉱物または発掘物の本性、特性、用途、またそれらの運動によって生じる持続的なジオコスモスの周環流と回転
第 8 巻	石質の大地、骨および角の発掘物、同様に地下の動物、人間、悪魔
第 9 巻	有毒なあるいは死をもたらす地下世界の所産
第 10 巻	冶金学または金属の術—金属やその母岩、もしくは鉱山の本性や特性、原理・原因
第 11 巻	キミアの技術学—キミアの器具と操作による驚異的な技術および偽キミアの排斥
第 12 巻	自然の模倣—本書にみる驚異的・稀少・異常なものが、自然にもともとある明敏さによってジオコスモスの力能や効力から生成され、自然が拒まなければ巧みに推論され実験で確認されること

トテレス主義者であり、コペルニクスの地動説を批判している。[27] 注意したいのは、植物や鉱物が成長する方向や形状も自然の作用が中心にむかうか、中心から外側へむかうかという観点から説明されている点だろう。「中心知」は、すべてを結びつけ説明する包括的な概念のひとつなのだ。[28]

第二巻の「ジオコスモスの技術学」technicus geocosmus では、『地下世界』における基本的な道具立てを披露している。ジオコスモスを定義したのち、神の精神にやどる地球のイデアの解説をへて、世界の本性と構成、太陽や月、地球の大きさ、山地の連鎖、火山、大地の変容、各地の海をつなぐ隠された導管、山の高さと海の深さ、地球磁気とつづく。そもそもジオコスモスとはなんだろうか。彼はいう――

われわれが「ジオコスモス」あるいは「大地の世界」と呼ぶ地球は、万物の創造主たる神の叡知や術、配慮によって全被造物がむかうところ、または中心としておかれている。宇宙全体に潜んでいる力あるいは星々のそれぞれの天球に潜んでいる特性のいかなるものも、いわば「縮図」epitome のなかにおか

(26) *Mundus*, 1. 1. 2, II: 20-35. 一六三一年の処女作でも「自然学的な数学」という用語が採用されている。Cf. Peter Dear, *Discipline and Experience: The Mathematical Way in the Scientific Revolution* (Chicago: University of Chicago Press, 1995), 172-173.

(27) *Mundus*, 1. 4. 3, I: 47.

(28) *Mundus*, 1. 1. 2, I: 13-14. Thomas Leinkauf, "Die *Centrosophia* des Athanasius Kircher SJ: Geometrisches Paradigma und geozentrisches Interesse," *Berichte zur Wissenschaftsgeschichte* 14 (1991), 217-229 も参照。

れるように、ジオコスモスに織りこまれていると考えられる。(29)

いいかえるとジオコスモスとは、神意のくまなく反映され潜在的な力にみちた、ある種の有機的な統一体として把握された地球全体のことなのだ。さらに形而上学的な問題を議論したのち、キルヒャーは地球の位置と大きさを確定していく。第四章では黒点の描かれた太陽図を、第五章ではくわしい月面図を提示しているが、図版は彼の前任者シャイナーのものを採用している。地球の大きさの測定は、古代ギリシアの数学者エラトステネス（Eratosthenes, 276–194 BC）の方法をもとに第七章で解説される。

つづく第八章から第一二章は山地を主題とする。『創世記』に記された大洪水以前の山地や海底に隠された山地の状態が個別の解説とともに紹介され、時間とともに山の数が増えたり、減ったりすると主張される。第一三章から第一七章では、ジオコスモスをとり囲む水や大洋をあつかっている。ここで水の流動をうながす地下の導管についてまとまった議論がある。ミクロコスモスたる人体とジオコスモスとの照応を解説する第一九章のあとに、第二〇章では地表にあらわれる洞窟や裂孔などが地下への通路として紹介され、いよいよ地下世界へと入っていく。

記述は、第三巻以降に具体性を増す。「水誌」hydrographicus では大洋の本性・由来、地球の内外部での運動、大洋の「周環流」pencyclosis などがあつかわれ、「火誌」pyrographicos では地下の火や風の正体が議論される。水と火の役割がわかったところで、湖や河川、泉の形成と地下水との関係や温泉の生成が説明できる（図5と図6）。

ここまでの数巻では、実際の地理的な分布とともに現象をひき起こすメカニズムが問題とされた。地球の内部には網目状に配備された水脈系と火道系があり、人体中の体液のようにジオコスモス内を流体が循環する。水が地下火で暖められると温泉が生じるという具合に、水と火の二系統の相互作用で説明されていく。こうして「東から西への海の一般的な運動」と呼ばれる定常的な海流や潮の干満、巨大な渦巻、泉や湖・河川などの存在が統一的に理解される。とくにキルヒャーは、海で吸いこまれ山中の貯水場に運ばれる水の運動を説明するために、サイフォンのような装置を比喩として採用した(30)。

地理的な分布を示すのに好都合なのはなんといっても地図である。おそらくキルヒャーは、さまざまな主題を表示するために世界地図をもちいた最初の一人だろう。たとえば第三巻の「海流あるいは反響や逆流と呼ばれる運動について」の章では、一枚の世界地図に深淵と火山の記号を記入して、水系と火系の出入り口がどこにあるか示している。深淵は各所にあって地下通路で連絡しており、たとえばカスピ海は西方で黒海と、南方でペルシア湾と地下の水路によってつながっている。さらに海域には筋が描きこまれ、海流の動向を示唆し、メキシコ湾流や黒潮とおぼしき部分も存在する。東アジア周辺では東シナ海に大きな渦巻が示され、日本島に火山がふたつあるといった具合だ。これらは世界各地から情報網を駆使して収集した知見をわかりやすく総合的に示したものといえる。彼の情報源としては、古代の文献やルネサンス期以降につくられ

(29) *Mundus*, 2. 1, I: 55.
(30) *Mundus*, 5. 1. 2, I: 232.

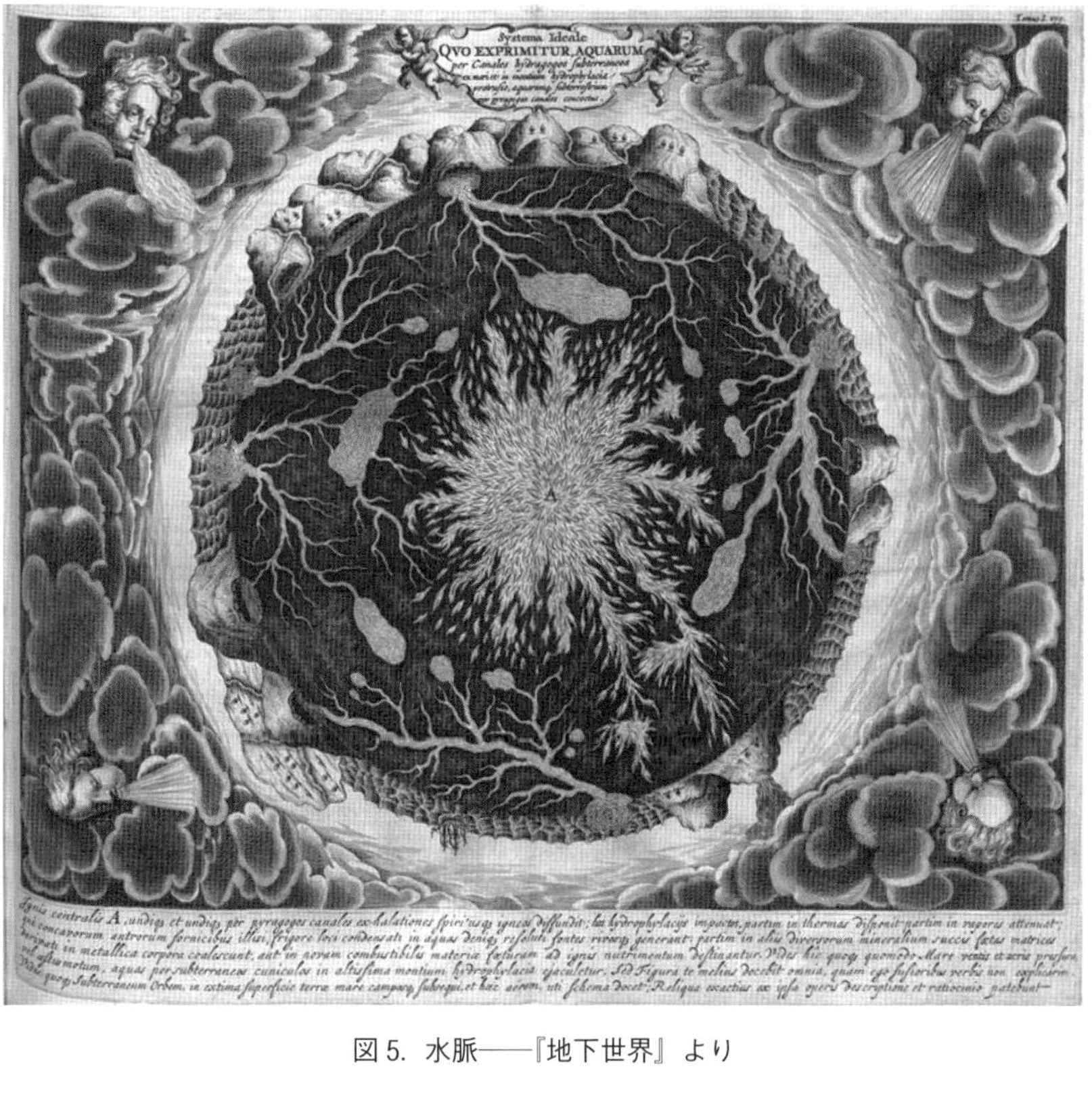
Systema Ideale
QVO EXPRIMITUR AQUARUM
per Canales hydragogos subterraneos

図5. 水脈――『地下世界』より

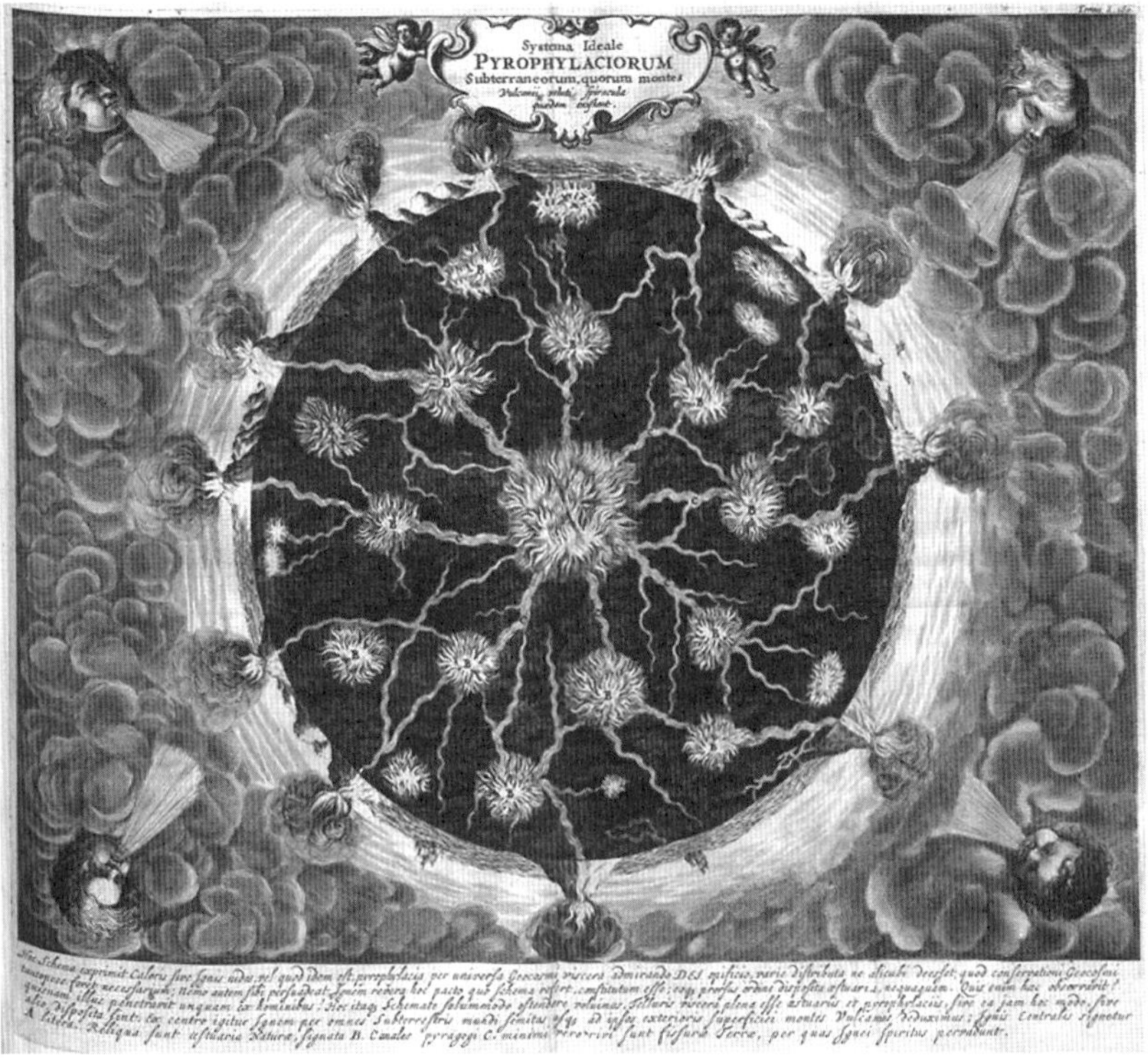
Systema Ideale
PYROPHYLACIORUM
Subterraneorum, quorum montes

図6. 火道——『地下世界』より

た地図類、そして世界各地から寄せられる書簡や報告書があり、とくにイエズス会士によるものが多かった[31]。

『地下世界』の第六巻では、伝統的な四元素説にもとづいて地球を構成する物質について議論しているが、土は単純なものではなく混合物というあつかいとなる。かわりに塩を基本にすえて、硝石や礬類をとりあげている。つづく第七巻では、混合物である鉱物または発掘物の本性や特性、用途について概説される。発掘物については第八巻が詳細な記述を与える。最初に石類の分類表と五つの分類基準を提示して、石化液汁による石類の変容、石類と岩石の起源、石類の効能、地下の動物について説明している。図版の多くは本書第一章で触れたアルドロヴァンディの『鉱物博物館』から借用されており、基本的にルネサンスの自然誌の伝統を色濃く残している。

面白いことにキルヒャーは、石類の表面に偶然にあらわれる幾何的な像と規則正しい多面体となる鉱物の結晶の生成を同一の原理のもとに説明しようとする[32]。これらの石類は、具体的には五つの場合が存在するという[33]。第一に人間の幻想による偶然の産物、第二に上述の種子と形成力によって石化したもの、第三に植物や動物が石化したもの、第四に似かよった形状を引きつける磁気によるもの、第五に神と天使の力によるものである。第三の例のように、彼は現代的な化石の意味である生物起源の石化物も認めていた。不可思議な形成力による化石の生成を支持していた人物というイメージが強調されがちだが、それは無機物と有機物の生成をわけて考える後代の人間の偏見による[34]。

『地下世界』の第九巻は地下起源の有毒物質をあつかう。火山から噴出する硫黄をふくむガスが想定されているわけだが、毒物を鉱物界のみならず植物界や動物界にももとめて一覧表をつくり、それらに起因する疾患と治療についても言及するなど徹底している。

冶金学をあつかう第一〇巻では、新大陸をふくむ世界各地からえられた情報をもとに鉱山の本性や原因を論じる一方、星辰が金属の生成に与える影響に言及している。「キミア技術学」chymiotechnicus にあてられた第一一巻とともに、さまざまな器具をとりあげた解説が特徴的だ。キルヒャーは、ジオコスモスの探求のために化学《キミア》が必要であると考えていた。しかし伝統的な錬金術における造金にたいする彼の態度は慎重で、「賢者の石」といった一連の発想を否定して「疑似キミア」pseudo-chymia を退けた。この態度は、当時の錬金術師たちの批判の対象ともなった。[35]

最終巻「自然の模倣」polumechanos で、キルヒャーは種子の理論についての長い議論を開陳する。それによればジオコスモスの力能や効力をうける地球上の動植物や鉱物は、普遍的な「パンスペルミア」の作用

(31) *Mundus*, 3. 2. 4, I: 138; 4.1.4, I: 181; 5. 3. 1, I: 269.

(32) J・バルトルシャイティス「絵のある石」『アベラシオン：形態の伝説をめぐる四つのエッセー』種村季弘・巖谷國士訳（国書刊行会、一九九一年）、八九―一五三頁。

(33) *Mundus*, 8. 1. 9, II: 37-45. 著作中では第一から第六の番号があるが、第五は見出しもなく明瞭ではないため五つの場合とする。

(34) 古生物学史の見直しという観点からは Stephen J. Gould, "Father Athanasius on the Isthmus of a Middle State: Understanding Kircher's Paleontology," in Findlen (2004), 207-237 を参照。

(35) 錬金術とキルヒャーについては Martha Baldwin, "Alchemy and the Society of Jesus in the Seventeenth Century: Strange Bedfellows?," *Ambix* 40 (1993), 41-64 を参照。

のもとに生成するという。こう考えると、動植物の自然発生や形成力による化石をふくむ地上や地中のさまざまな事物の生成を統一的に説明できるようになる。[36]

『地下世界』は出版される以前からヨーロッパ中で大きな話題となった。英国ではただちに王立協会の『哲学紀要』に紹介されている。[37]この著作はそれまでの諸学説と観察や実験を集大成した百科全書的な側面をもち、多くの図像とあわせて人々を惹きつけた。一方で芳しくない反応や公然たる批判も噴出した。王立協会員のモレイ卿（Sir Robert Moray, 1608/9-1673）やフック、イタリアの実験アカデミーにおけるレディ（Francesco Redi, 1626-1697）やステノの反応はその一部でしかない。以下ではステノの反応をとりあげよう。

4　ジオコスモスをめぐるキルヒャーとステノ

ステノは一六六六年にローマでキルヒャーに会ったと推定され、書簡をやりとりしている。現存するステノからの五通は六九年の一通をのぞいて、彼が司祭になって以降に書かれており、改宗の経緯などに触れているが立ちいった議論はみられない。[38]トスカーナ大公の宮廷でステノの同僚だったレディは、自然発生の実験をめぐってキルヒャーを批判した。ステノはレディと親しく立場も近かった。『プロドロムス』では、キルヒャーが山地の形成を動物の骨のそれと比較した点について否定的な命題を列挙している。[39]しかし裏返せば、当時の人々はキルヒャーの議論を十分に意識していたといえる。

自著をフィレンツェに送ったことからも推察されるように、キルヒャーには実験アカデミーとの関係を悪化させようという意図はなかった(40)。これはガッサンディやメルセンヌとの場合と似ている。彼らはガリレオの学説などをめぐって意見の対立がありながらも、キルヒャーとの交流を維持した。ステノも友人を介して、彼に『プロドロムス』を送っている(41)。

ステノは学生時代の五九年三月二一日から四月二二日まで断続的に、キルヒャーの『マグネス』のほぼ全章について詳細な読書ノートをつくっていた。分量は他のどの著作家のものよりも多く、ガッサンディの著作についての覚書も上回っている(42)。ただし全体にわたって書きこみや別の書物への参照があり、批判的な態度が堅持されている。たとえば「磁気気象学の術」の章における風雨についての説明を筆写して、「ヴェルラム［フランシス・ベイコン（Francis Bacon, 1561-1626）］あるいはデカルトにてらして再検討する価値があろう」とコメントしている。また師ボリキウスとの会話に刺激されて、スウェーデン女王クリスティナ

（36）とくに自然発生の問題については Hirai（2007）が詳しい。

（37）［Henry Oldenburg］, "Of the *Mundus Subterraneus* of Athanasius Kircher," *Philosophical Transactions* 6 (6 November 1665), 109-117.

（38）ステノのキルヒャー宛書簡は *EP*, 208-209, 301-302, 314-315, 318-319, 319 に所収。Cf. Fletcher（2011）, 279-281.

（39）ステノ『プロドロムス』第三部、六八頁。

（40）Cochrane（1973）, 253.

（41）*EP*, 208-209.

（42）*Chaos*, col. 33-48, 50-62, 95-96, 99-102 = Ziggelaar, 113-141, 147-169, 247-249, 259-260.

（Christina, 1626–1689）の侍医コンリング（Hermann Conring, 1606–1681）による批判をつけくわえている(43)。

キルヒャーの『マグネス』では、月下界の事物の形成についての議論に鉱物の結晶の例が取りあげられていたが、この文章をステノはほとんどそのまま筆写している。そこでは、結晶が特定の角度に成長する現象が、微粒子の付加と磁気の作用によって説明されていた。結晶の生成に磁気が関与するという発想は、『地下世界』にもうけつがれる。キルヒャーは水晶の六角形の形状を説明するために、塩の粒子や宝石にやどる形成力や中心力とともに「なんらかの驚くべき磁気作用によって」たがいに似た粒子が結びついた結果だと主張した(44)。

鉱物の結晶が幾何学的に規則正しい形状をつくる現象は、当時の粒子論者たちにとって重要な問題だった。粒子の無秩序な集合離散だけでは、みごとに組織された形状は生みだせないからだ。ケプラーは、雪の結晶を形成する力が「地球霊魂」anima terrae に由来し、結晶の中心から外側にむかって放射される形成力であると推定していた。ガッサンディもまたこの考えに言及している(45)。

ステノの場合はどうだったのだろうか。『プロドロムス』のなかで彼は、つぎのように説明している――

われわれは、水晶の成長において二通りの運動を考慮しなければならない。ひとつは、水晶の他所ではなく特定の場所に水晶質の物質が付加される運動である。私が推測するに、この運動は浸透する希薄な流体に帰せられ、すでに述べた磁石の例によって説明されるだろう。もうひとつは、水晶に付加される新たな水晶質の物質が面にひろげられる運動である。これは周囲を取りかこんでいる流体に由来するも

のだろう。(46)

ステノは磁石を例にして、流体が微粒子を結晶に付加させたり、付加された微粒子を結晶の表面にひろげたりする作用を説明している。粒子が集合して固まるという単純なモデルではない。こうした発想は、ギルバートやケプラー、デカルトにはなかったものであり、ステノはキルヒャーの著作から着想を得ていた可能性がある。

見解を異にするところはあるものの、キルヒャーとステノはともに生物・無生物を問わず物質の生成という個別の問題を総合的な地球論の枠組みのなかで解決しようとしていた点で共通している。この事実から、両者はともに諸物体が生成される場所、いいかえると空間的な配置や地理的な分布に無関心ではなかったと推測される。そこでつぎに当時の地理学、とくにその自然学や気象学との関係に新科学がどのような影響を与えつつあったのか、ウァレニウスの著作に着目してみよう。

(43) *Chaos*, col. 38, 48 = Ziggelar, 124, 142.
(44) *Mundus*, 8. 1. 9, II: 25–26. Cf. *Chaos*, col. 39 = Ziggelar, 125–126.
(45) ケプラー（榎本恵美子訳）「新年の贈り物あるいは六角形の雪について」『知の考古学』（社会思想社、一九七七年九月号）、二七六―二九六頁：Gassendi, *Opera*, II: 81. Cf. Hirai (2011), 134–150.
(46) 『プロドロムス』第三部、八〇頁。

第四章　ヴァレニウスの新しい地理学

キルヒャーの著書の多くがアムステルダムで出版されたように、繁栄の最盛期をむかえていたオランダは文化的にもヨーロッパの中心のひとつだった。この地で新しい地理学の著作を執筆しようとしていた若いドイツ出身の医学徒がいた。彼の名前はベルンハルドゥス・ヴァレニウスといい、その『一般地理学』*Geographia generalis*（アムステルダム、一六五〇年）は初期近代の地理学における重要な一冊となる。

本章ではこの地理学書をとりあげ、前世紀に一世を風靡した「コスモグラフィア」の伝統が一七世紀にどのように変化したのかを考察したい。ステノやライプニッツが地球についての研究で利用していた事情を考慮すると、それは当然ジオコスモスの変容という観点からも分析されるべきだろう。ここではとくにデカルトの影響とステノとの関係に注目する。

1　ヴァレニウスの生涯と著作

ヴァレニウスは一六二二年に北ドイツの町ヒツァカーで宮廷付牧師の子として生まれた。[1] 幼くして父を亡くして以降は、おおむね兄にしたがって行動している。哲学者ユンギウス（Joachim Jungius, 1587–1657）が校長をしていたハンブルクの中等学校に入学し哲学や数学、自然学の基礎を習得した。四三年にケーニヒスベルク大学に入るが、二年後にはオランダのライデン大学に移った。新しい学問の動向に関心があったからだ。[2] 四九年に医学の博士号をうけたが開業せず、著作活動に専念している。地図製作者ブラウ（Joan Blaeu, 1598/99–1673）の知遇を得たものの、有力者フォシウス（Gerardus Joannes Vossius, 1577–1649）の後ろ盾を失ったため困窮し、五〇年に若くしてアムステルダムに没した。

ヴァレニウスの短い生涯で活字になった著作は五点にすぎない。第一のものは、ユンギウスの指導下でアリストテレスの運動論をあつかっている。[3] 第二はライデン大学に提出した博士論文の概要で熱病をテーマとしていた。[4]

第三作になる『日本王国記』*Descriptio regni Iaponiae*（アムステルダム、一六四九年）は、つねに正確さを要求される数学研究の「気晴らし」に執筆されたという。[5] まず国家について概説したのち、イエズス会士のジョヴァンニ・マッフェイ（Giovanni Pietro Maffei, 1536–1603）やフランシスコ・ザビエル（Francisco de Xavier, 1506–1552）の書簡、中世の旅行家マルコ・ポーロ（Marco Polo, 1254–1324）やオランダ東インド会社のフランソワ・カロン（François Caron, 1600-1673）の著作など一〇点あまりの典拠があげられている。これらは『一般地理学』の執筆でも参照されるだろう。

これにつづく『日本人の宗教について』*De Iaponiorum religione*（アムステルダム、一六四九年）は、スウェーデン王妃クリスティナに献じられた。[6] 本文において日本人の宗教と諸宗派、日本におけるキリスト教の普及とその原因、そしてキリスト教徒の迫害について議論し、付表で世界のさまざまな宗教についても説明している。ここには当時の宗教一般と神学への関心が反映されている。[7]

出版物とならんで手稿類では、医学や円錐曲線にかかわる草稿のほかに「普遍史の表」Tabulae historiae

（1） Margaret Schuchard, "Varenius and His Family: A Dynasty Dedicated to Scholarship and Rooted in Christian Philosophy," in *Bernhard Varenius (1622–1650)*, ed. Margaret Schuchard (Leiden: Brill, 2007), 11–26; Klaus Lehamann, "Der Bildungsweg des Jungen Bernhard Varenius," in Schuchard (2007), 59–90.

（2） Rienk Vermij, "Varenius and the World of Learning in the Dutch Republic," in Schuchard (2007), 100–115.

（3） Bernhardus Varenius, *Disputatio physica, de definitione motus Aristotelica* (Hamburgi, 1642), in Joachim Jungius, *Disputationes Hamburgenses*, ed. Clemens Muller-Glauser (Göttingen: Vandenhoeck, 1988), 473–496.

（4） Varenius, *Disputatio medica inauguralis, de febri in genere* (Leiden, 1649).

（5） Varenius, *Descriptio regni Iaponiae cum quibusdam affinis materiale...* (Amsterdam, 1649), sig. *4v ＝ B・ヴァレニウス『日本伝聞記』宮内芳明訳（大明堂、一九七五年）、三三頁。

（6） Varenius, *Tractatus in quo agitur de Iaponiorum religione...* (Amsterdam, 1649).

（7） Schuchard (2007), 19–26.

universalis や「特殊地理学」Geographia specialis がある。『日本王国記』の序文によれば、前者はほとんど完成していたようだが結局のところ出版されなかった。後者は『一般地理学』との関係で重要な意味をもつが、断片的なものにすぎない。

2　ウァレニウスの『一般地理学』

『一般地理学』はラテン語で書かれた一二折版の小型本だ[8]（図1）。一六六四年と七一年に再版されたのち、英国の自然哲学者ニュートンによっておそらく学生用の教科書として編集され七二年と八一年に出版された[9]（図2）。一八世紀半ばにかけて各国語訳がつくられ重要な地理学書として流通したが、とくに一七五〇年にハーレムで出版されたオランダ語訳は江戸時代に日本に舶載されたという点で注目される[10]。以下ではまず、ラテン語による原著を確認していこう[11]。

（8）Varenius, *Geographia generalis, in qua affectiones generales telluris explicantur*（Amsterdam, 1650）.

（9）Alfred Rupert Hall, "Newton's First Book," *Archives internationales d'histoire des sciences* 13（1960）, 39–61; Robert J. Mayhew, "From Hackwork to Classic: The English Editing of the *Geographia Generalis*," in Schuchard（2007）, 239–257.

（10）Varenius, *Volkomen Samenstel der Aardryksbeschryvinge...*（Haerlem, 1750）. 現在では宮城県図書館伊達文庫に所蔵。

（11）小野鐵二『西洋地理学史』（岩波書店、一九三二年）も参照。

図 1. ウァレニウス『一般地理学』の扉

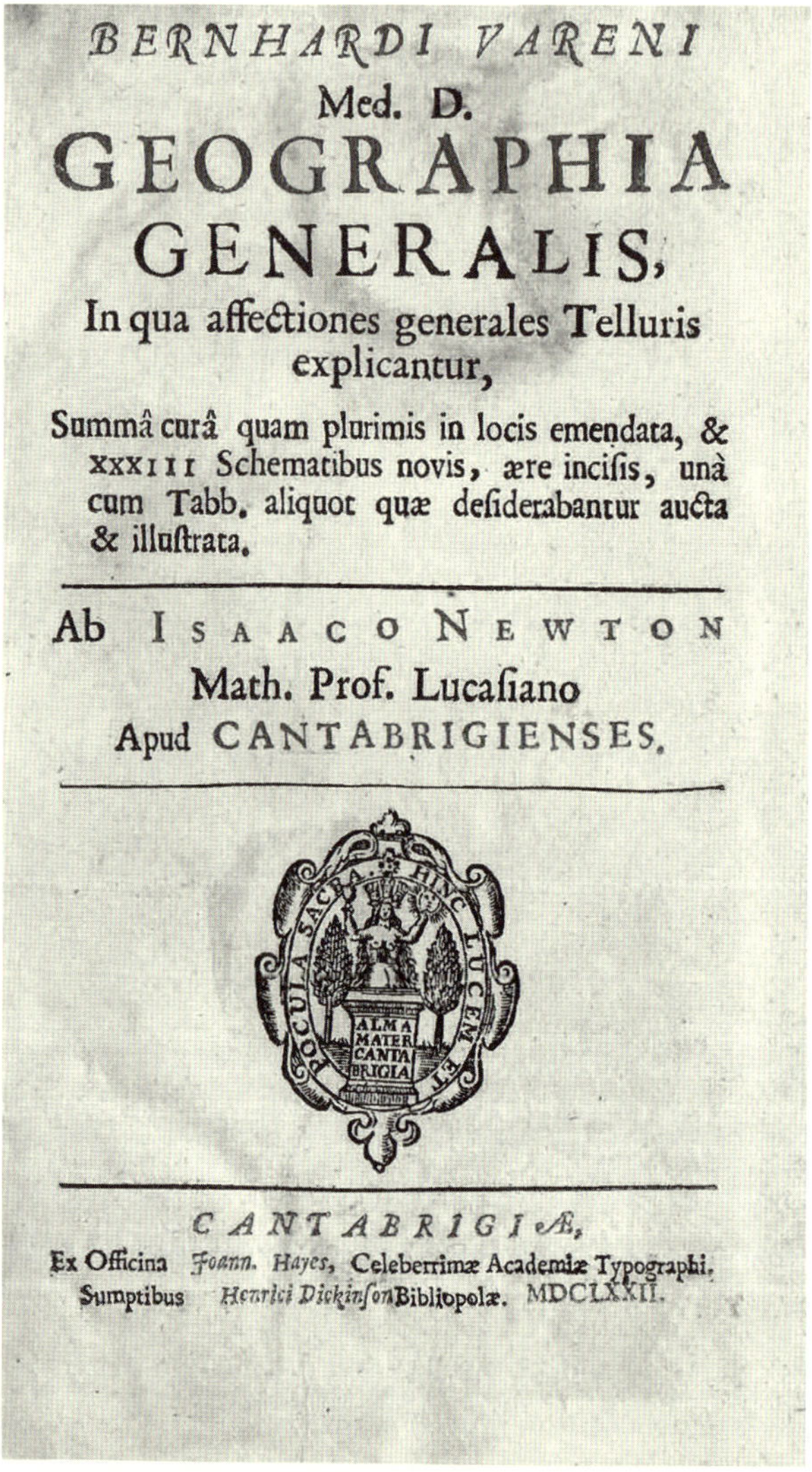
BERNHARDI VARENI
Med. D.
GEOGRAPHIA
GENERALIS,
In qua affectiones generales Telluris
explicantur,
Summâ curâ quam plurimis in locis emendata, &
XXXIII Schematibus novis, ære inciſis, unà
cum Tabb. aliquot quæ deſiderabantur aucta
& illuſtrata.

Ab ISAACO NEWTON
Math. Prof. Lucaſiano
Apud CANTABRIGIENSES.

CANTABRIGIÆ,
Ex Officina Joann. Hayes, Celeberrimæ Academiæ Typographi.
Sumptibus Henrici Dickinſon Bibliopolæ. MDCLXXII.

図 2. ニュートン編『一般地理学』の扉

『一般地理学』は三部構成で、第一部「絶対の部」pars absoluta は地球全体としての形状や大きさ、運動、構成、山地、鉱山、海洋、河川、大気などを解説する。つづく第二部「相対の部」pars respectiva は地球の各部分にはたらく諸天体の作用によって地域性が生じると説明し、最後の第三部「比較の部」pars comparativa では航海術との関連もふくめ地域間の違いを比較する。紙幅の大半を占める第一部の内容からみて、本書が当時の数学や天文学、自然学の成果を反映しつつ本格的な地球の記述を目指していたのがわかる。

著述の形式は定理や補助定理によって項目を示す幾何学の教科書のような体裁をとり、読者の理解をたすける図形が挿入されている。地理学書であるにもかかわらず世界地図の類が一切ないのは、著者が死亡したために準備ができなかったからだと推定される。

ヴァレニウスが参照した典拠は多いが、古代や中世の文献ばかりではなく、ルネサンス以降の成果を積極的に採用している点が注目される。後者に属する著作家としてはコペルニクスやカルダーノ、イエズス会士で数学者のクラヴィウス（Christophorus Clavius, 1538-1612)、ギルバート、ガリレオ、ケプラー、ガッサンディ、デカルトがいる。地理の記述には、当時までに知られた航海記や旅行記、報告書、そして地図類が使われている。しかし、ルネサンス期にひろまったコスモグラフィアの著作群はほとんどみられない。

第一章はまず、地理学の本質を議論し、この学問をつぎのように定義している――

地理学は「混合数学的な学問」scientia mathematica mixta といわれ、大地の諸部分の量にかかわる性質、すなわち形状や場所、大きさ、運動、［各地の］星空の見かけ、さらにその他のことに関係した諸特性

を説明する。(12)

この表現から明白なように、ウァレニウスは数学の応用分野として地理学の新しい体系をつくろうとしていた。これは古代ギリシアのプトレマイオスの伝統をつぐという側面をもつ。(13) さらに地理学は一般ないし普遍的な地理学と、特殊ないし個別的なものに大別され、前者は絶対・相対・比較の三領域、後者は地的・天的・人的の三領域に分割される。特殊地理学はさらに「地方誌」chorographia と「地勢学」topographia に区分される。研究の原理は第一に幾何学や算術、三角法の諸定理、第二に天文学の規則と理論、第三に経験である。一般地理学では「特別に明示された論証」によって証拠づけられる必要があるのにたいし、特殊地理学においては経験と観察、すなわち「感覚による証言」が重要になる。(14) とくに後者の性格はプトレマイオス流の伝統の変化を意味するものだ。

つづいて第二章では、測量や地図作製の基本として幾何学と三角法を解説し、最後に距離の単位に触れている。第三章からは、地球全体の性状を解説する。地球の形状や大きさについては古代人たちの知見を紹介しているのにたいし、地球の運動については明白にコペルニクスの体系にそって解説している点が注目される。ウァレニウスは地動説を支持する理由を八点にまとめ、想定される反論にこたえている。

地球の物質と構成は第七章であつかわれている。地球にかかわる知識をより完全にするために自然学者たちの理論を参照し、アリストテレスや古代ギリシアの原子論者デモクリトス（Democritos, 460-370 BC）、ルネサンス期のパラケルスス主義者たち、そして直近の世代ではギルバートやデカルトまでさまざまな人々の著作に言及している。最終的に「第一の単純な物体」prima simplicia corporaとして水・油または硫黄・塩・土・ある種の精気の五つの要素を掲げている。[15] 地球は土と水からなり、土には砂や石類、金属、硫黄、動植物の五つが、水には海や河川、湖沼、鉱水の四つが属する。地球内部については、ギルバートとデカルトの見解をもとに三層からなる層状の構造を紹介している。またアムステルダムでのボーリング調査から地下の各種の物質が層状に堆積している様子を記載し、それはのちにフックやライプニッツらによって重要な事例として引用されるだろう。[16]

第八章から第一〇章にかけては、島や半島の分布から山地の一般的・個別的記載をおこなっている。第九章で留意したいのは、山地が天地創造のときから存在したのではないとし、山が内部の崩落によって地下の割れ目へと沈んだり、連続的な隆起によって山から貝殻がみつかったりすると指摘している点だ。第一〇章では火山にも触れ、活火山としてイタリアのエトナ山やインドネシアのジャワ島のほか、日本の例もいくつか登場する。また日本の銀山は最優良だと評価している。

(12) *Geographia*, 1. 1. 1.
(13) 数学的な学問の分類と「混合数学」については、佐々木（二〇〇三年）、四一九—四二一頁を参照。プトレマイオスの『地理学』の受容については、本書の第一章第四節を参照。
(14) *Geographia*, 1. 1. 6.
(15) *Geographia*, 1. 7. 63.
(16) *Geographia*, 1. 7. 69. Cf. Ellenberger（1994）, II: 77–79. 本書の第五章第三節と第八章第二節も参照。

大洋や湖沼、河川や泉をあつかう水誌では、水の循環に着目しておこう。泉の水は「一部は海または地下水から、一部は雨や大地を湿らせる湿気から生じ」、河川の水は「一部は泉から、一部は雨や雪から生じる」とする[17]。そして海から地下通路によって河川の源泉にいたるものと、大洋からの蒸気が雨となって大洋自身や大地に降るという二経路があると指摘している。一方、キルヒャーの著書で視覚化されたような海を地中でつなぐ導管の存在については不確かだと述べている[18]。

海の章においても海水の性質と運動という自然学的な問題がとりあげられる。とくに第一四章の潮汐についての記述は地球論と運動論を結ぶという点で重要だ。ここにみられるデカルトへの言及については次節で検討しよう。海水の運動には、東から西への持続的なものと相反するふたつの運動から構成されるものがあり、後者が干満の原因となる。しかし東西方向への海水の運動については、天動説をとるアリストテレス派も地動説をとるコペルニクス派も満足な説明を与えていないという[19]。

第一部の最後には大気と風の説明をふくむ三章が当てられている。まず第一九章では、地球の各所より発散される蒸気や煙霧が形成する大気の構成と分布の範囲を確定しようとする。大気圏は三層の構造をとり、中間層で雪や雨、霰が生成される。大気の外形は全体として楕円または球状だが、デカルトは卵形としたと紹介する。さらに諸天体の位置と大気による光の屈折から空気の分布する高さが計算できるとして、数字とともに示している。

「風とは空気の接触または抵抗で感じられる活動である」という定義ではじまる第二〇章は、風の生まれる原因を探求して太陽、海や土からの発散、雲の希薄化など七つの候補をあげている[20]。つづく章では風の種類について定常的なものとそうでないものが区別され、一般的な風と個別的な風が区分される。一般的な風の原因は三つに限定され、太陽、地球の動き、月の影響が候補となる。第三の原因はデカルトが『哲学原理』で述べた説でもある[21]。個別的な風の紹介では、日本と中国の寧波付近の港とのあいだの航路で吹く風や、東南アジアと日本のあいだの風とその原因が言及される。

以上のような記述から、デカルトでは『気象学』であつかわれていた主題が、ウァレニウスにいたって地理学に融合されているのがわかる。これはジオコスモスの理解と表現が新しい段階に入ったことを示唆している。

3 新科学の影響とデカルト批判

これまでみてきたように、ウァレニウスはアリストテレスのような伝統的な権威だけではなく、一七世紀の新科学の推進者たちの見解も積極的に採用していた。ここではなかでもデカルトの影響をみておこう。ウ

---

(17) *Geographia*, 1. 16, 247.
(18) *Geographia*, 1. 15, 226.
(19) *Geographia*, 1. 14, 180.
(20) *Geographia*, 1. 20, 387.
(21) *Geographia*, 1. 21, 409. デカルト『哲学原理』第四部第四九節、二一八―二二〇頁も参照。

ァレニウスが実際にこの人物の名をあげている箇所は第七章、第一四章、第二一章であり、それぞれ地球の構成、海の運動、風をあつかっている。

物質理論についての第七章では、水・油（または硫黄）・塩・土・精気（または水銀）の五つの要素によって説明している。これはパラケルスス主義者デュシェーヌ（Joseph Du Chesne, 1546-1609）が提唱し、一七世紀のキミアの支持者たちのあいだで有力になっていた。[22]粒子論それ自体を否定しているわけではないが、デカルトが提唱したような多様な形状をもった粒子の運動についての議論は見出せない。また地球内部の状態については、デカルトと同様に三層からなる構造を紹介しているが、妥当性については留保している。

第一四章において重要なのは定常流と潮汐現象だった。定理九で「非常に才知に富んだデカルトは、月がこの「持続する東から西への」運動を水においても空気においてもひき起こす機械的な方法を説明した」として、地球上の流体の定常的な動きを解説する。これは『哲学原理』に見出せる内容であり、そこに掲載された図版を再録している[23]（図3）。

ひととおりの説明ののち、ヴァレニウスはデカルトの考えに疑問を投げかける。月の位置と干潮時の方向が経験と合致しないというのだ。[24]潮汐の原因について、この「図は証明自体とともに変更されるべきだ」と

(22) デュシェーヌについては、ヒロ・ヒライ「ルネサンスにおける世界精気と第五精髄の概念：ジョゼフ・デュシェーヌの物質理論」『ミクロコスモス：初期近代精神史研究』（月曜社、二〇一〇年）、三九―六九頁を参照。
(23) *Geographia*, 1. 14. 180.『哲学原理』第四部第五三節、二一九頁と二一一頁も参照。
(24) *Geographia*, 1. 14. 182.

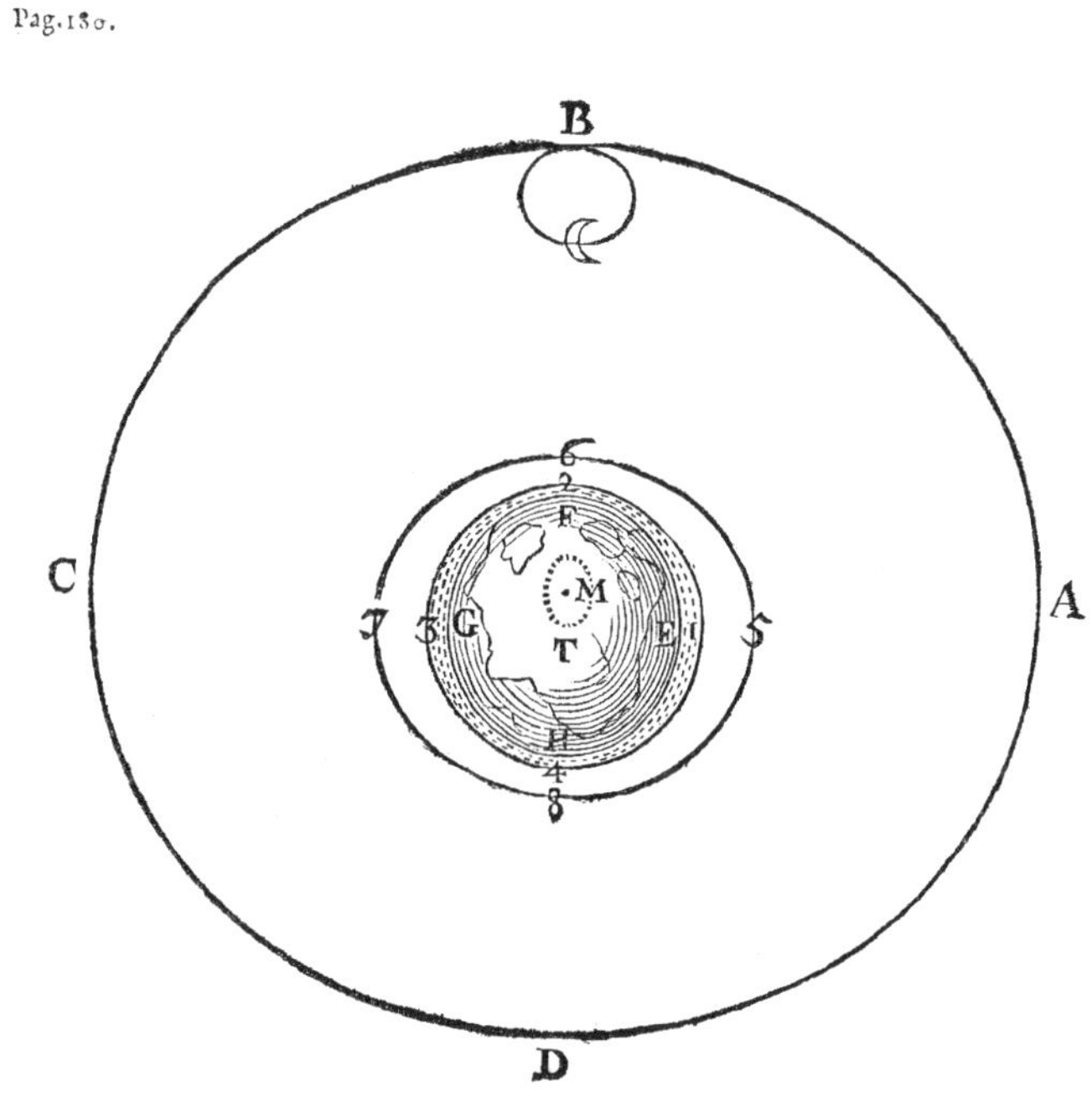

図 3. 再録されたデカルトの潮汐図——ウァレニウス『一般地理学』より

結論している。[25] デカルト自身は、月の位置が地球に近い場合には地球と月のあいだにある天の物質が圧迫されて地球上の空気の表面と水の表面を押すので、大気圏と水圏は月の方向と直角をなす二方向へ隆起するかたちになり、一日二回の潮汐が起こると考えていた。

ところが実際には潮は月の方向に引かれるのであり、ヴァレニウスの批判は妥当なものだった。彼は、デカルトの仮説にもとづく証明が誤りであり信用するわけにはいかず、そこから導かれる帰結も吟味しないと述べている。そういうわけで第二一章の風の原因についての議論では、デカルトの月が空気の運動に影響を与えるという説が三番目に紹介されるが、もはや採用されはしない。[26]

しかしもう少しひろく気象学的な内容をみると、ほかにもデカルトの著作を参照していると推定される部分がある。アリストテレスの『気象論』の伝統をデカルト自身が継承している事実を考慮しないわけにはいかないが、つぎのような記述は後者の著作に由来すると考えられる。ヴァレニウスは第二一章で、船のマスト上にあらわれる「セント・エルモの火」と呼ばれる発光現象の原因について説明する――

火の原因は、硫黄質で瀝青質の微小部分が大きな空気の運動によって下方へおし動かされ、振動や凝集によってひとつに濃縮されて点火したのである。振動によって乳液が分離されるのと同様なのだ。[27]

このような粒子にもとづいた説明は『気象学』の第七講にある記述と対応している。デカルトはそこで、空気中にある可燃性の「蒸発物」exhalatio が水蒸気から分離されて点火する過程を描いていた。[28]

さらにウァレニウスによる学問の分類や方法論、とくに数学的な領域のとらえ方にもデカルトの影響を見出せるかもしれない。しかし数学的な論証と同時に経験と観察の重要性を主張する点は、むしろウァレニウスの師であったユンギウスの主張を想起させる(29)。実際にユンギウスの蔵書目録をみるとベイコンやガリレオの著作がそろっており、天文学や自然学への関心が高かったことがうかがわれる(30)。

ウァレニウスがデカルトの教えに親しんでいたのは明白だが、それを鵜呑みにしていたわけではない。たとえば海水や空気の動きの説明では、批判的な態度をとっていた。デカルトの地球論の特徴となる多様な粒子による自然の諸物や地球そのものの構造の生成という考えを彼が採用していたとはいいがたい。

デカルトの方法に疑念を抱いていたニュートンは、『一般地理学』にあるデカルトにたいする批判を見逃さなかった(31)。さらに一八世紀に出版された英語版の翻訳者は、前書きで述べている――「われわれは古代人

---

(25) *Geographia*, 1. 14, 190.
(26) *Geographia*, 1. 21, 409.
(27) *Geographia*, 1. 21, 435.
(28) デカルト『気象学』第七講、『著作集』第一巻二八四―二八五頁。一種の放電現象とされる。
(29) Hans Kangro, *Joachim Jungius' Experimente und Gedanken zur Begrundung der Chemie als Wissenschaft* (Wiesbaden: Steiner, 1968).
(30) Christoph Meinel, *Die Bibliothek des Joachim Jungius: Ein Beitrag zur Historia litterari der frühen Neuzeit* (Göttingen: Vandenhoeck, 1992).

たちのありそうもない推論やデカルトの正当とは認められない仮定を拒否した」[32]。そして諸現象の説明のために、デカルト派の説明よりふさわしいニュートン派の考えを導入したと明記している。実際に注釈の多くがニュートン主義の立場からつけられ、数頁におよぶものさえある。

4 ヴァレニウスとステノ

ステノはヴァレニウスの一六歳年下にあたるが、若くしてデカルトの影響をうけ、ライデン大学で医学を学んだ。数学にも強い関心をもっており、地球についての著作を執筆した。こうした点で、両者はかなり似た経歴をもっている。ヴァレニウスが生涯を終えた一〇年後の一六六〇年に、ステノはアムステルダムで遊学の第一歩を踏みだした。

ステノは『プロドロムス』においてデカルトの名前をあげ、彼からの影響を示唆していた。しかし自著は「自然学と地理学」physica et geographia の研究に寄与すると述べたとき、彼が具体的にどのような著作を念頭においていたのかは解明されていない[33]。一方で、彼が学生時代に作成した『カオス手稿』にヴァレニウスの『一般地理学』からの抜粋を見出せる[34]。一六五九年の四月二四日から三〇日の記述には、いくつかの章から抜書きしているが、とくに第七章と第一九章からのものが多い。ステノはどのような関心からこの著作を読んで内容を書きとったのだろうか。

抜書きをはじめる前日の四月二三日に、ステノはデカルトとヴィッテンベルクの自然学者ゼンネルト

（Daniel Sennert, 1572-1637）の著作に言及している。前者は『気象学』で、大地から立ちのぼる蒸気について、後者からは食物中の水分について書きとっている。[35] これは一見して唐突な話題の組合せにみえるが、しばらくあとの記述によれば、大地から放出される微小部分や蒸気があるように、人体から放出されるさまざまな微小部分があるというテーマにつながるものだった。[36]

つづく四月二四日の手稿には、つぎのような『一般地理学』からの抜書きが示されている――「ラインラントの歩尺は古代ローマのものと等しいと確認されている。そして妥当にも、それはすべての測量の基準として採用されている」[37]。これは『一般地理学』の第二章「さまざまな計測について」からとられたものだ。つづいて大地が球体であることや水の本性についてアリストテレスと古代ギリシアの数学者アルキメデスの

（31） R・S・ウェストフォール『アイザック・ニュートン』田中一郎・大谷隆昶訳（平凡社、一九九三年）、第一巻一〇八―一〇九頁を参照。

（32） Varenius, *A Complete System of General Geography* (London, 1734), vi-vii. Cf. William Warntz, "Newton, The Newtonians, and the *Geographia Generalis Varenii*," *Annals of the Association of American Geographers* 79 (1989), 165-191.

（33） ステノ『プロドロムス』第一部、七頁。

（34） Steno, *Chaos*, col. 103-107 = Ziggelar, 261-268.

（35） *Chaos*, col. 103 = Ziggelar, 260.

（36） *Chaos*, col. 123 = Ziggelar, 294-295.

（37） *Chaos*, col. 103 = Ziggelar, 261.

考えを書き写している。また『一般地理学』の第三章については、中世の天文学者サクロボスコ（Johannes de Sacrobosco, 1195-1256）の『天球について』*De sphaera* にイエズス会士のクラヴィウスがつけた注釈およびオランダの自然学者スネリウス（Willebrord van Roijen Snellius, 1580-1626）の『オランダのエラトステネス』*Eratosthenes Batavus*（ライデン、一六一七年）に言及している。

世界体系にたいするステノの関心は、『一般地理学』第五章と第六章のプトレマイオスやピュタゴラス（Pythagoras, c. 570-c. 495 BC）、コペルニクスによる諸説についての議論を筆写している事実にみられる。天文学的な著作を執筆しなかったので、彼がコペルニクスの地動説にどのような態度をとっていたのかは明瞭でない。しかしガリレオの著作への言及からみて、彼の同時代人たちと関心を共有していたのは明白だ。(38)

地球の構成を説明する『一般地理学』の第七章については、定理一、四、五、六から抜き書きがある。自然物の構成の基本となる水・油・塩・土・精気という五つの要素、地球は陸や海、気圏に分けられること、陸地の表面の連続性、多くの場所で地下火の作用や温泉に由来する硫黄から煙が生じることが言及される。ただ筆写するだけではなく、疑問を書きとめている箇所もみられる。第七章の定理六では土の堅さと塩の関係が話題になっている。すべての事物に特定の塩がやどっており、含有量が多いほど硬くなるが、土から塩が分離されるなら［堅さを失って］粉末状になるというウァレニウスの主張にたいして、ステノは「しかしなぜ焼石灰の灰は硬くないのか」という疑問を呈する。(39) さらに注意すべきこととして、アムステルダムの家々の基礎が砂地に杭打ちされている状況に触れるが、これは上述した定理への覚書であり、大地の物質の堆積についての具体的な関心を示している。

翌二五日にステノは『一般地理学』の第一九章に飛んで、定理四、七、五、一の順で抜書きしている。大気中の諸現象が彼の興味を引いたようだ。翌日には定理一にあるドイツ人たちのいう「太陽が水を引きあげる」という報告への疑問を書きつけ、さらに二七日にふたたび定理五から太陽の作用と空気の透明度について考察をくわえている。(40)

四月三〇日になってステノは、三日前に抜書きした『一般地理学』第一三章の「海水は淡水より重く、ある場所の海水は他の場所のものより重い」という命題について種々の実験を提案している。(41) 雨水や河川水、湖水、海水、鉱泉水、温泉水、バラ水、ワインなどの蒸留とその前後での重さを測るというものだ。この実験の構想にかぎらず、彼は物質の本性や重量の変化に関心を示している。またヴァレニウスは蒸留水が塩辛いとしたのにたいし、実験に熟達した師ボリキウスがそれは誤りだと指摘したという記録も注目に値する。このように『カオス手稿』は学習の環境をも教えてくれる。ステノにとって『一般地理学』の読書は、研究の素材として自然誌や実験についての知見を得るためのものだった。

四月三〇日の途中から『一般地理学』の第一九章からの抜粋が再開される。空気は夏より冬に密度が濃く、昼より夜の方が濃いこと、また補足的に「水および湿った場所は土および乾いた場所よりもたやすく蒸気を

(38) *Chaos*, col. 127 = Ziggelar, 301-302.
(39) *Chaos*, col. 104 = Ziggelar, 263.
(40) *Chaos*, col. 104-105 = Ziggelar, 263-264.
(41) *Chaos*, col. 105 = Ziggelar, 265; *Chaos*, col. 106 = Ziggelar, 267.

放出する」ことが付加されている。[42] このあと第二〇章に移り、風の原因が抜粋される。たとえば、太陽によって希薄化された空気が大気を西へと押すので熱帯地方に東風が生じるという。[43] こうして『一般地理学』からの抜書きが終わる。

これらの記録からあきらかなように、ステノは天文学や地理学、気象学に関心をもち、こうした分野の知識を吸収しようとしていた。もちろん彼が他の地理学書を知らなかったとはいえない。実際、彼がパリ時代に世話になった著作家テヴノー（Melchisédech Thévenot, 1620/21-1692）は、旅行記や地理書の抜粋集を編んでいた。しかし、新科学の成果に敏感に反応して地球全体やジオコスモスを自然学的にあつかう視点を導入した地理学書としては、ウァレニウスのものより他に有力な候補は見当たらない。

ウァレニウスの『一般地理学』は、新科学と地理学を結びつけようとする明確な意思のもとに構想されていた。これは古代人や中世人たちだけではなく、新科学の推進者たちの多くの著書が典拠になっていることからも明白だろう。しかもたんに新しい学説や記述を収集・整理したのではなく、批判的に取捨選択していたとわかる。たとえばデカルトの潮汐論にたいする反応としては、一六四四年の『哲学原理』の出版後でもっとも早い部類に属する。

ウァレニウスは物質理論において、デュシェーヌ流の五要素による体系を踏襲していた。だが『一般地理学』では、鉱山や鉱水をのぞくと鉱物についての記述はほとんどみられない。また山地の生成や消滅、陸地と海水の交代などを認めると同時に、原因を侵食や堆積といった流体の作用および地下にある精気の影響に求めている。ただし彼の議論は斬新なものではなく、アグリコラのモデルを抜けでていない。したがって、デカルトが提案した地球の大構造を形成するテクトニクスも採用されていない。

ステノが学生時代に『一般地理学』を読んで抜書きをつくっていた事実は、医学生としての彼の関心がかなり早いうちから地球、いやジオコスモスをめぐる一連の事象にむかっていたのを例示している。一〇年後の『プロドロムス』にある「自然学と地理学」という言明のなかの「地理学」は、ウァレニウスの著作を念頭においていた可能性が高い。ステノがウァレニウスと同様にデカルトの『気象学』や『哲学原理』に親しんでいたのはあきらかだが、新たなジオコスモス像にいたる彼の試みにはもっと多様な典拠があったといえよう。

(42) *Chaos*, col. 106 = Ziggelar, 267.
(43) *Chaos*, col. 106–107 = Ziggelar, 267–268.

第五章　フックの地球観と地震論

歴史家たちはステノとならんでフックの地球論を革新的だと評価してきた。たしかに後者の研究や初期の英国王立協会での活動は、ジオコスモスの変容を理解するために重要な位置を占める。そこで本章では、ステノが持論を確立した一六六〇年代後半から七〇年代を中心にフックの著作を比較の対象としてとりあげる。とくに両者がそれぞれ立論の土台とした標本の検討をおこない、フックの活動における自然誌や地球論の意味を考えてみたい。

1　フックの地球論とその背景——鉱物コレクション

ロバート・フックは一六三五年にイングランド南部のワイト島に生まれた(1)。この島は中生代白亜紀から新生代古第三紀の地層が分布し、化石もよく産出する。フック自身も故郷の島での観察に言及している(2)。父の死後、彼はロンドンに出て画家リリー（Peter Lely, 1618-1680）のもとで徒弟として絵画の修行をはじめた。

そして五三年ごろ、オックスフォード大学のクライスト・チャーチ学寮に進学した。ここには王立協会の創立期を支えた人々がウォダム学寮長ウィルキンズ（John Wilkins, 1614–1672）を中心に集まっており、彼らとの交流がフックの人生に大きな影響を与えた[3]。彼はボイルの実験助手として才能をあらわし、六二年に王立協会の実験主任、翌年には収蔵室の管理者に選出された。

六六年のロンドン大火後、フックはいち早く再建計画を提案した。これが評価されてロンドン市選出の測量官として活躍し、建築家としても貢献した。テムズ河畔の築堤工事や建物の不燃化のために大量の石材が調達され、とりわけ南イングランド産の石材にふくまれた巨大なアンモナイトは彼の目にもとまっただろう[4]。急ピッチですすむ再建のため測量官の課題は多く、数年のあいだ多忙をきわめた。この時期に「地震についての論説」の構想が錬られたようだ。フックが自然物の蒐集からどのように地球論を構想していったのかを分析する前に、当時の英国における自然誌、とくに鉱物コレクションの状況を一瞥しておこう[5]。

一六世紀の英国には、ヨーロッパ大陸の諸国にみられたような有力な個人による自然誌のコレクションはなかった。しかし一七世紀になると顕著なものが出現する。有名な大トラデスカント（John Tradescant, c. 1587–1638）の蒐集物はテムズ川の南岸ランベスにあって、「ランベスの箱舟」として知られ外国人たちも訪れた。これは古物蒐集家アシュモール（Elias Ashmole, 1617–1692）の手にわたり、八六年に博物館として公開された。そのカタログは金属 metallica, 土 terra, 乾いた凝結液汁 succi concreti macri, 油性の凝結液汁 succi concreti pingues, 石類 lapides selectiores, 石化物質 materiae petrisicatae, 宝石 gemmae という七項目に鉱物を分類しており、液汁という概念にアグリコラの影響が見出せる[6]。

またオックスフォード大学では自然誌家ラヴェル（Robert Lovell, c. 1630-1690）が『汎鉱物学』*Panorykto-lygia sive pammineralogicon*（オックスフォード、一六六一年）を、自然哲学者チャールトン（Walter Charleton, 1619-1707）が『さまざまな発掘物の種類について』*De variis fossilium generibus*（ロンドン、一六六八年）をまとめた。さらにロンドンの蒐集家コーテン（William Courten, 1642-1702）の博物館には、目録化された鉱物標本が一万点以上もあったという。(7) これはのちに大蒐集家スローン卿（Sir Hans Sloane, 1660-1753）が引きつ

（1）フックの生涯と業績については、M・エスピーナス『ロバート・フック』横家恭介訳（国文社、一九九九年）; Ellen T. Drake, *Restless Genius: Robert Hooke and His Earthly Thoughts*（Oxford: Oxford University Press, 1996）; 中島秀人『ロバート・フック』（朝倉書店、一九九七年）; Jim Bennett et al., *London's Leonardo: The Life and Work of Robert Hooke*（Oxford: Oxford University Press, 2003）を参照。

（2）Robert Hooke, *Posthumous Works*（London, 1705）, 297, 334, 335, 342; Drake（1996）, 60-68.

（3）ウィルキンズについては Barbara J. Shapiro, *John Wilkins 1614-1672: An Intellectual Biography*（Berkeley: University of California Press, 1969）を参照。

（4）Torrens（1985）, 211.

（5）Arthur MacGregor, "The Cabinet of Curiosities in Seventeenth-Century Britain," in Impey & MacGregor（1985）, 147-158; Michael Hunter, *Establishing the New Science: The Experience of the Early Royal Society*（Woodbridge: Boydell, 1989）, 123-155.

（6）John Tradescant, *Musaeum Tradescantiarum*（London, 1656）.

（7）Wendell E. Wilson, *The History of Mineral Collecting, 1530-1799*（Tuscon: Mineralogical Record, 1994）, 40.

いで英国博物館の礎となる。

フックがたずさわった王立協会の収蔵物は個人コレクションを継承したもので、六五年に協会員コールウォール（Daniel Colwall, ?–1690）から寄贈された。フックはウィルキンズの『真正な文字と哲学的な言語への試論』*Essay Towards a Real Character and a Philosophical Language*（ロンドン、一六六八年）で提案されている分類法にもとづいて目録を作成しはじめ、七〇年代には友人オーブリー（John Aubrey, 1626–1697）が作業をつづけた。さらにそれを植物学者グリュー（Nehemiah Grew, 1641–1712）が完成させて八一年に出版している。[8] ウィルキンズの『試論』自体は六六年に出版の準備ができていたが、大火のため遅延された。ここでの分類法をみると、石類の項目では「普通で価値がない」「なかば価値がある」「価値がある」という具合に人間にとっての有用性から区分し、さらに建築のような用途で細分している。ほかにフックが参照できた重要なコレクションに医学者ハーヴィ（William Harvey, 1578–1657）の博物館がある。これはロンドン医師会のために構想され五四年に公開された。フックは大火で失われる前に見学している。

当時の英国では、ベイコンの影響のもとにプロット（Robert Plot, 1640–1696）やリスター（Martin Lister, 1639–1712）、ルウィド（Edward Lhuyd, c. 1659/60–1709）といった自然学者たちが、各地の愛好家たちを糾合して自然誌の編纂に熱心だった。だがフックは、やみくもに事物を蒐集して記載することには批判的な態度をみせる。[9] たとえばオウムガイについては、ゲスナーやアルドロヴァンディら自然誌家の記載に「大きな欠陥または不完全さ」があると指摘する。[10] 彼らの観察が表面的で記載が曖昧な点を批判して、視覚や他の感覚によって事物そのものを分析する必要性を唱える。さらに自然誌の蒐集は気晴らしや見世物のためでなく、自然哲学の「達人」proficientによる真剣な研究のためにあるべきだと主張する。

フックは事実の蒐集それ自体に反対したのではなく、むしろ新たに工夫した観測器によって有用な事実を集積しようとした。この態度は、望遠鏡などの器具の改良や発明と実用を重視した蒐集の様子に見出せる[11]。こうした考えと実践から独自の地球論がたちあらわれてくる。

2 『ミクログラフィア』と地球論

若きフックがエネルギーと才能をつぎこんだ『ミクログラフィア』*Micrographia*（ロンドン、一六六五年）は、顕微鏡を科学研究に導入した書物として記憶されている[12]（**図1**）。そこに掲載された多くの図版は現代

(8) Michael Hunter, "The Cabinet Institutionalized: The Royal Society's 'Repository' and Its Background," in Impey & MacGregor (1985), 159–168.

(9) M・ハンター『イギリス科学革命：王政復古期の科学と社会』大野誠訳（南窓社、一九九九年）、二八、七九―八一、九二頁。また William T. Lynch, *Solomon's Child: Method in the Early Royal Society of London* (Stanford: Stanford University Press, 2001), 70–115も参照。

(10) *Posthumous Works*, 338.

(11) Jim A. Bennett, "Hooke's Instruments for Astronomy and Navigation," in *Robert Hooke: New Studies*, ed. Michael Hunter & Simon Schaffer (Woodbridge: Boydell, 1989), 149–180.

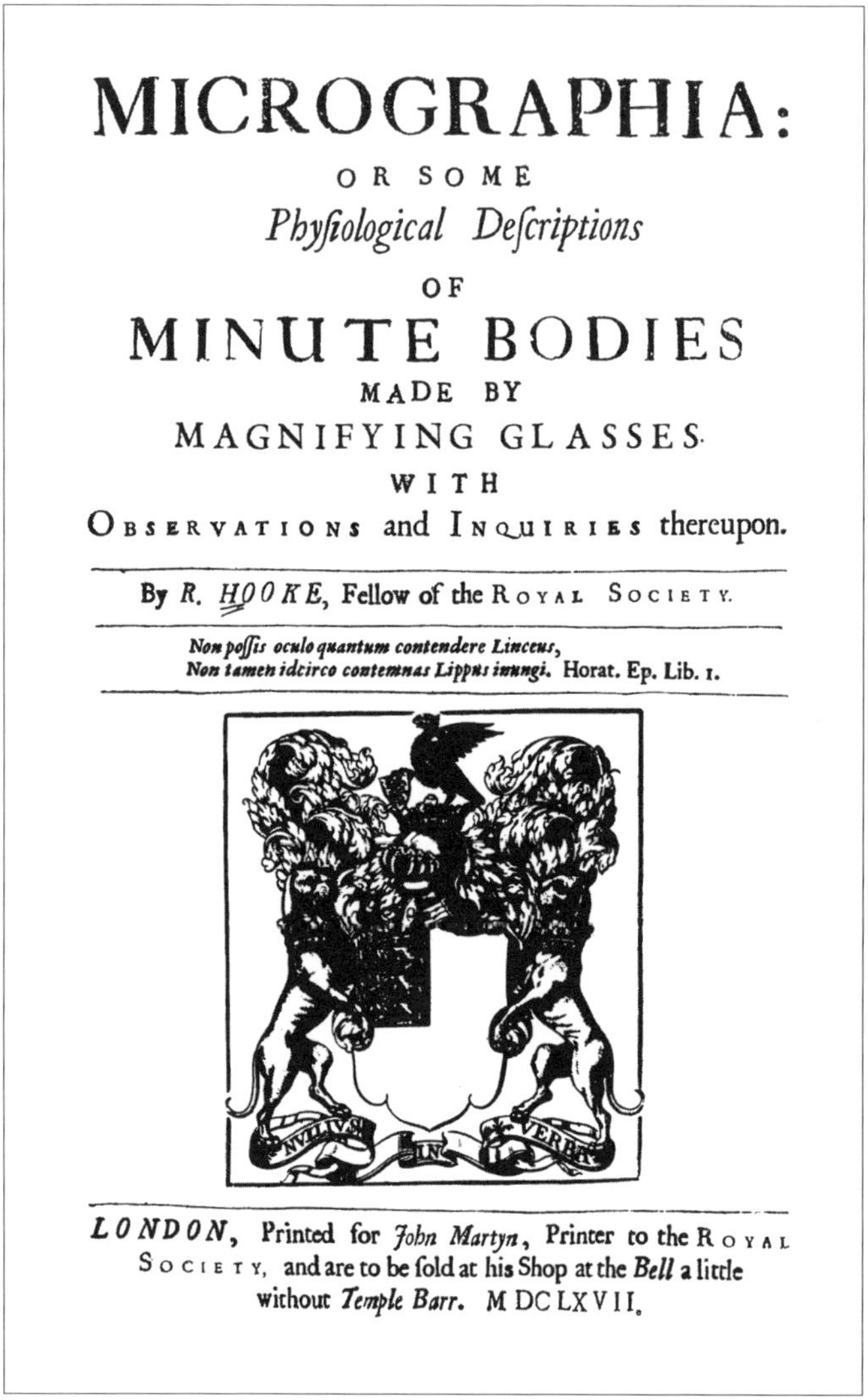

MICROGRAPHIA:
OR SOME
Physiological Descriptions
OF
MINUTE BODIES
MADE BY
MAGNIFYING GLASSES.
WITH
OBSERVATIONS and INQUIRIES thereupon.

By *R. HOOKE*, Fellow of the ROYAL SOCIETY.

Non possis oculo quantum contendere Linceus,
Non tamen idcirco contemnas Lippus inungi. Horat. Ep. Lib. 1.

NVLLIVS IN VERBA

LONDON, Printed for *John Martyn*, Printer to the ROYAL SOCIETY, and are to be sold at his Shop at the *Bell* a little without *Temple Barr*. MDCLXVII.

図1. フック『ミクログラフィア』の扉

の読者にも訴えかけ、芸術的な価値をあわせもつだろう。(13)

『ミクログラフィア』の内容は、脈絡もなく耳目をそばだてる題材を選んで記載・解説しているようにみえる。巻末の観察五八から六〇にいたっては、顕微鏡ではなく望遠鏡の場合をあつかっている。だが冒頭の観察一を丁寧に読むと、適切な器具をもちいれば微細な存在のなかにも新たな世界、未知の領土を見出せると主張しているのがわかる。(14)『ミクログラフィア』の魅力は、装置の発明や改良によってみえてくる新たな世界《コスモス》を探索する刺激あふれる感覚にあるのだ。そこには古い世界の残照がある一方で、いたるところに新しい世界が出現している。そうした多様なコスモスを投影しながら浮上してきていたのが、ジオコスモスだった。

こうした観点から『ミクログラフィア』を見直すと、かなりの事柄に説明がつく。たとえば観察六であつかわれる毛細管現象は、地中に浸透した海水が地中を移動して高山に運ばれ、山頂で泉水となって湧出する

(12) Robert Hooke, *Micrographia, or Some Physiological Descriptions of Minute Bodies Made by Magnifying Glasses* (London, 1665). 邦語抄訳として、R・フック『ミクログラフィア：微小世界図説』板倉聖宣・永田英治訳（仮説社、一九八四年）を参照。また Catherine Wilson, *The Invisible World: Early Modern Philosophy and the Invention of the Microscope* (Princeton: Princeton University Press, 1995) も参照。

(13) 『ミクログラフィア』の図像表現については、たとえば S・アルパース『描写の芸術：一七世紀のオランダ絵画』幸福輝訳（ありな書房、一九九五年）、第二章を参照。

(14) *Micrographia*, Obs. 1, 2-3 = 『ミクログラフィア』観察一、五四頁。

という水循環の考え方を補強するためにも使われている。デカルトの『哲学原理』第四部に題材をとった火の粉についての観察八では、第一元素による説明を実験によって批判し、燃えやすい硫黄性の物体が空気中で捕らえられるものだとする。ここから最終的に観察一六では火の元素の否定にいたる。デカルトの場合と同様に、この問題は地下火と関連し、フックにおいてはさらに化石化にも結びつく。地下火は月にも想定され、あたかも地球を月に投影するかのように火山や地震の活動まで言及されている[15]。

もうひとつ重要なのは自然誌を再編成するという課題だろう。フックは鉱物にも動植物と同様の形成力もしくは種子的な原理があり、それが作用して形状ができるという考え方を否定し、機械論的な説明を採用する。これは観察二九に明瞭なかたちで述べられており、観察一一から一四までの結晶質の諸物体をあつかう説明において示されている(図2)。一方の観察一九では、腐乱した物体から動植物が自然発生する可能性を認めており、観察二〇ではカビやキノコが食塩や鍾乳石と同様に種子なしに生ずるとする。『ミクログラフィア』の出版が遅れた理由である化石の問題は、観察一七を中心に「石化した物体」petrify'd body として議論する。なお観察一一では、顕微鏡下で砂粒のなかに精巧な構造をした有孔虫を見出し、驚きとともにスケッチを残している[16]。

焼けた木材をあつかった観察一六の末尾には、関連する題材として王立協会がフックの手にゆだねた「木

(15) *Micrographia*, Obs. 16, 106; Obs. 60, 243-244 も参照。
(16) *Micrographia*, Obs. 11, 80-81 = 『ミクログラフィア』観察一一、一〇六―一〇七頁。

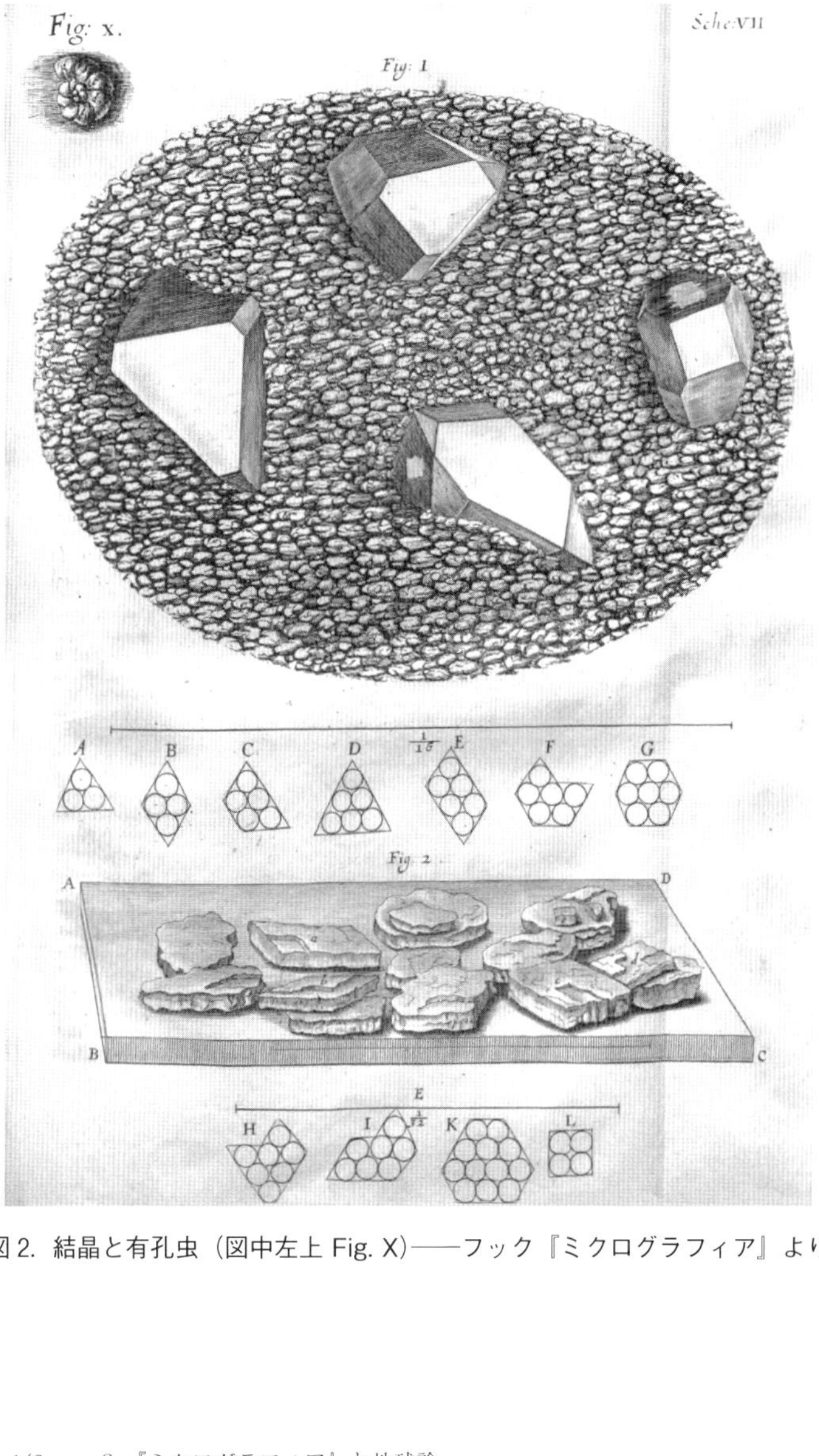

図 2. 結晶と有孔虫（図中左上 Fig. X）——フック『ミクログラフィア』より

材化石」lignum fossile がとりあげられる。ここですでに彼の基本的な考えが述べられている。すなわち、ある種の泥または土が木材に変化したというイタリアの著作家ステッルーティ（Francesco Stelluti, 1577–c. 1653）の考えを批判し、巨木が地震などの事故によって地中に埋もれたものだと主張する。また石化に関与する「鉱物液汁」mineral juices にも言及し、なんらかの地下火の介在によって炭化したと示唆する。

観察一七のもとになった木材化石の顕微鏡による観察についての発表は、王立協会で六三年五月になされた[17]。『ミクログラフィア』の本文では、現生の木材との比較からはじめている。切断面にみられる孔の配置や木目と樹皮の部分の区別、極微細な孔などの点で両者はよく似ており、重さや堅さ、緻密さ、不燃性、溶解性、脆さ、手触りの点で異なるとした。理由として「石化水」petrifying water を導入し、つぎのように述べる——

石化材は石化水がよく浸みこんだ場所に横たわっていて、濾過もしくは沈殿ないし凝集によって徐々に分離した。浸透する水からくる多量の石質の粒子は、流体状の媒介物により微細な孔ばかりでなく隙間へも運びこまれ、木材の組織ないし構造のなかにさえ存在する。それは顕微鏡では非常に濃密にみえ、木材のときの六倍にも重くしている[18]。

フックはこの種の「変成」transmutation の例をさらに蛇石（アンモナイト）に求める。標本を観察する過程で、螺旋状の殻の表面にみられる「縫合線」sutures がアンモナイトの小室を区切る隔壁の終端部であることを示して、結論する――

このように奇妙な形状をもつすべての石質の物体は、大地に固有のいかなる種類の「形成力」plastick virtue ではなく、海生動物の殻に生成と形成を負っている。それらはなんらかの洪水や氾濫、地震あるいは他の要因によってその場所に投げだされ、ある種の泥や粘土あるいは石化水や他の物質でみたされた。そして時間の経過とともに沈殿して殻の鋳型によって固まり、現在われわれが見出すような形状をもつ物質となったのだ。(19)

ここからフックが化石の成因をほぼ現代のように推論していたとわかる。あきらかに彼は、サメの歯について同様な説明をしたステノに先行していた。自然誌の再解釈をうながす化石の成因は、ジオコスモスの変容にかかわる重要な課題だった。まさにそれが『ミクログラフィア』の出版が遅延した原因ともなった。この問題は生涯フックについてまわる。

(17) Thomas Birch, *The History of the Royal Society of London* (London, 1756), I: 248, 260-262, 347, 463.
(18) *Micrographia*, Obs. 17, 109.
(19) *Micrographia*, Obs. 17, 111.

3 フックの地震論——一六六八年の論説を中心に

化石の成因についてのフックの見解は、死後出版された『遺稿集』*Posthumous Works*（ロンドン、一七〇五年）のなかに見出される（図3）。「地震ならびに地下の噴出についての講義と論説」という題名のもとに集められた論考は、『遺稿集』全体の三分の一にのぼる。これをフックの地震論と呼ぼう。内容からみて彼の地球論の核心というべきものだ。三〇年あまりにわたる期間に執筆された原稿であり、フック自身によって発表後も加筆がおこなわれた可能性もあるが、基本的な路線は保持されているとみなして話を進めよう。[20]

地震論を構成する各部が成立した順序と年代は、王立協会の記録にもとづいて確立されている。[21] ここではステノの『プロドロムス』との比較のために、六七年から翌年九月一五日までの諸講義をまとめた論考を中心に検討したい。この「地震についての一論説」と題された部分を「六八年論説」と呼ぶことにする。[22] 導入、五枚の図版をふくむ化石の記載、七項目の現象の枚挙、ふたつの異論、一一命題と論証、命題から導かれた

---

(20) Hooke, "Lectures and Discourses of Earthquakes and Subterraneous Eruptions," in *Posthumous Works*, 277-450 = Drake (1996), 159-365.

(21) Rhoda Rappaport, "Hooke on Earthquakes: Lectures, Strategy and Audience," *British Journal for the History of Science* 19 (1986), 129-146.

(22) Hooke, "A Discourse of Earthquakes," in *Posthumous Works*, 279-328 = Drake (1996), 159-218.

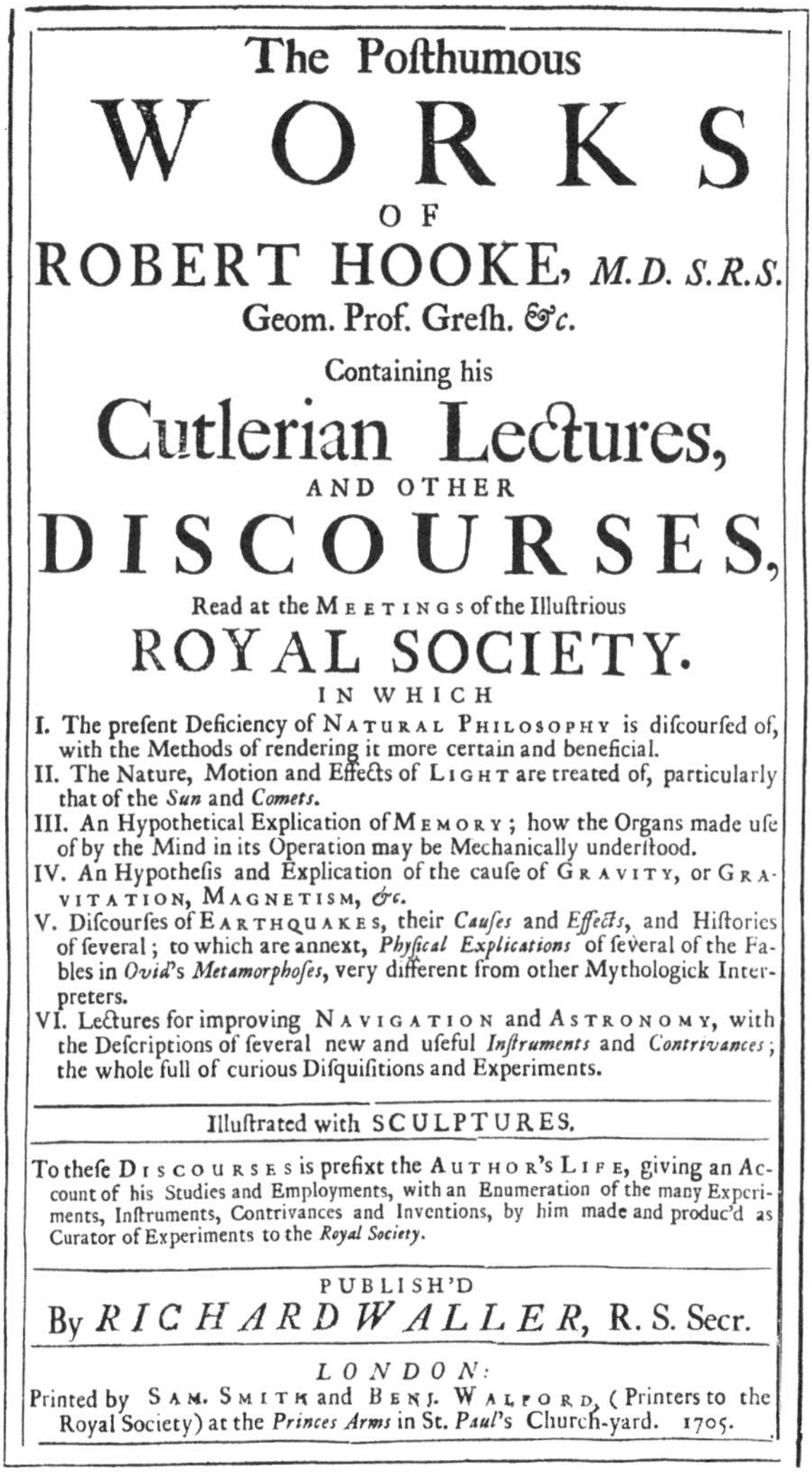

The Poſthumous

WORKS

OF

ROBERT HOOKE, *M.D. S.R.S.*

Geom. Prof. Greſh. *&c.*

Containing his

Cutlerian Lectures,

AND OTHER

DISCOURSES,

Read at the MEETINGS of the Illuſtrious

ROYAL SOCIETY.

IN WHICH

I. The preſent Deficiency of NATURAL PHILOSOPHY is diſcourſed of, with the Methods of rendering it more certain and beneficial.

II. The Nature, Motion and Effects of LIGHT are treated of, particularly that of the *Sun* and *Comets*.

III. An Hypothetical Explication of MEMORY; how the Organs made uſe of by the Mind in its Operation may be Mechanically underſtood.

IV. An Hypotheſis and Explication of the cauſe of GRAVITY, or GRAVITATION, MAGNETISM, *&c.*

V. Diſcourſes of EARTHQUAKES, their *Cauſes* and *Effects*, and Hiſtories of ſeveral; to which are annext, *Phyſical Explications* of ſeveral of the Fables in *Ovid*'s *Metamorphoſes*, very different from other Mythologick Interpreters.

VI. Lectures for improving NAVIGATION and ASTRONOMY, with the Deſcriptions of ſeveral new and uſeful *Inſtruments* and *Contrivances*; the whole full of curious Diſquiſitions and Experiments.

Illuſtrated with SCULPTURES.

To theſe DISCOURSES is prefixt the AUTHOR'S LIFE, giving an Account of his Studies and Employments, with an Enumeration of the many Experiments, Inſtruments, Contrivances and Inventions, by him made and produc'd as Curator of Experiments to the *Royal Society*.

PUBLISH'D

By *RICHARD WALLER*, R. S. Secr.

LONDON:

Printed by SAM. SMITH and BENJ. WALFORD, (Printers to the Royal Society) at the *Princes Arms* in St. *Paul*'s Church-yard. 1705.

図3. フック『遺稿集』の扉

七つの「系」corollaries から構成されている。

導入では研究の対象と方法について雄弁に述べたてる。天体から地球へと論述を展開し、大気の上限から地下の諸物まで主題となるものが列挙されていく。天体と対照される地球が議論の対象だ。さまざまな人々やその知覚、そして多様な器具によって集積された膨大なデータは、それを登録して編纂し、吟味して保管する人も必要だと主張する。そしてこうしたデータの山を土台にして有用な上屋をつくる建築家がどこかにいないかと問いかける。ここにいる自分が当の建築家だというわけだ。そしてフックは「あらかじめ案出された基準や理論」の意味を強調し、「予断的な理論や特殊からの演繹」を禁じる王立協会の方法論を批判する。自分の主張は正当だというわけだ。(23)

本題に入ってフックは対象とする一群の形象石を、物質に特有の形状をもつものと形状を外部から偶然に刻印されたものとに大別する。前者は食塩や水晶、ダイヤモンドなどの鉱物質の結晶で、幾何学的な形状はいとも簡単に機械論によって説明できるとする。(24) 問題となるのが後者、すなわち「石化物」petrifactions で、さらに二群に分類される。ひとつは植物や動物あるいはそれらの部分が石化したもので、骨や歯、貝殻、果実などであり、もうひとつは貝殻などが型取られて別の物質で充填されたものだ。

「六八年論説」では、アルドロヴァンディに代表されるルネサンス期の鉱物誌の方法ではなく、構造や構成する物質、現生生物との対比を考慮した記載法が採用されている。アンモナイトやオウムガイ、サメの歯などの細密な図版が読者の目を引く。最初の図版では各種アンモナイトの断面や部位の拡大スケッチまで試みられ（図4）、第四の図版にはカキや矢石、腹足類などにまじって多様なサメの歯の化石が描かれている(25)

（図5）。最後にヘブライ学者ガファレルに言及しつつ、化石が星辰の位置関係の影響で形成され秘めた効能をもつという占星術的な考えや、大地に固有の形成力によって生まれたとする主張を退ける[26]。化石が生物を起源にもつとすると、それらが産出する場所と化石化の方法を説明する必要が生じる。フックの言葉を引用しよう――

これにたいする最大の異論は、つぎのものだろう。第一に、どんな手段でそれらの貝殻や木材、その他の同様な物体は、見出された場所に運ばれて埋められたのか。第二に、なぜそれらの多くは形状があらわしている物体とはまったく異なる物質からできているのか[27]。

（23） *Posthumous Works*, 280 = Drake（1996）, 160. フックの方法論と地球論の関係については David R. Oldroyd, "Robert Hooke's Methodology of Science as Exemplified in His 'Discourse of Earthquakes'," *The British Journal for the History of Science* 6（1972）, 109-130 を参照。
（24） *Posthumous Works*, 280-281 = Drake（1996）, 161. Cf. *Micrographia*, Obs. 11-14, 79-93.
（25） これらの図版の原図については Sachiko Kusukawa, "Drawings of Fossils by Robert Hooke and Richard Waller," *Notes and Records of the Royal Society* 67（2013）, 123-138 を参照。
（26） *Posthumous Works*, 287-288 = Drake（1996）, 171.
（27） *Posthumous Works*, 290 = Drake（1996）, 173.

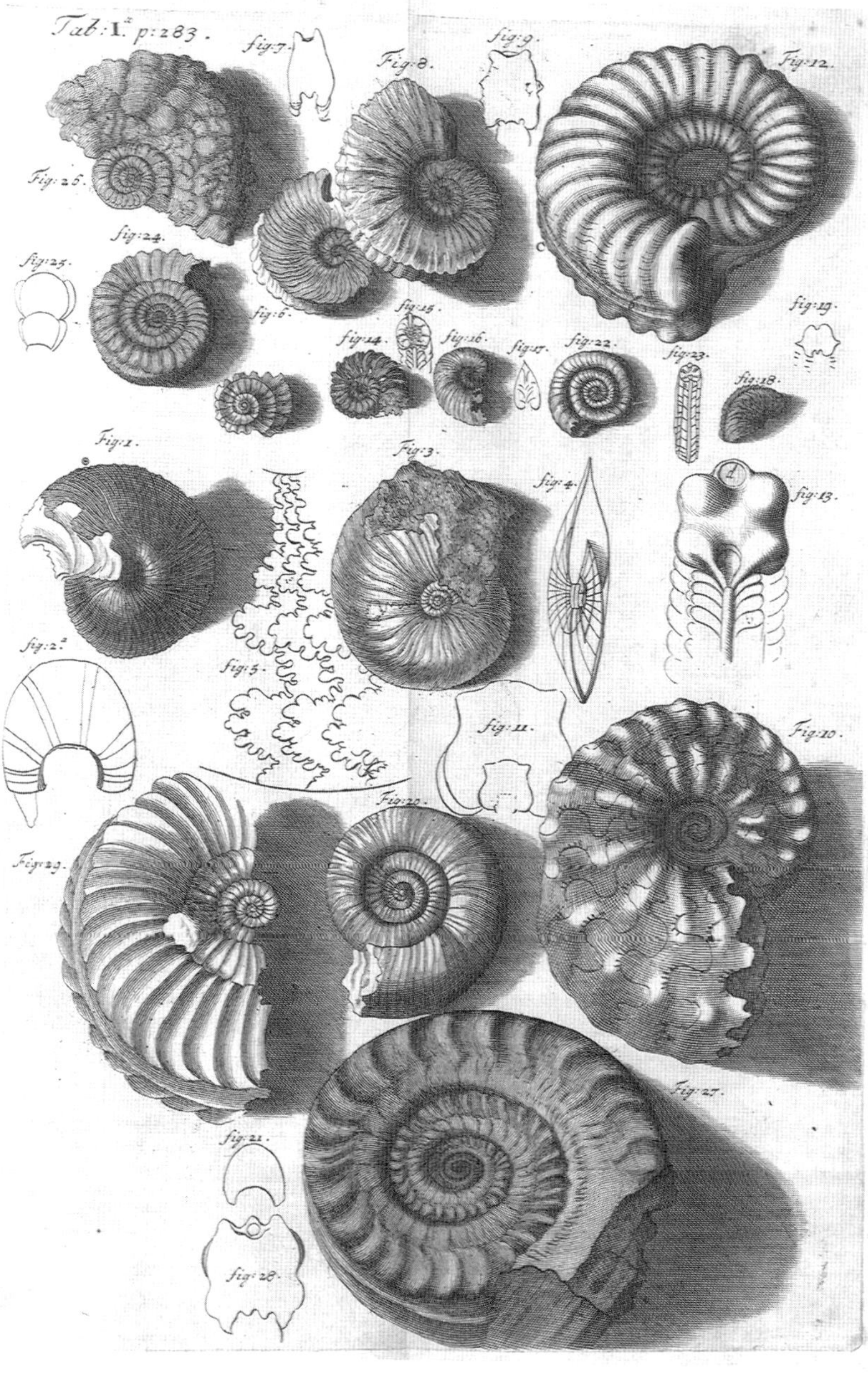

図 4. アンモナイト──『遺稿集』より

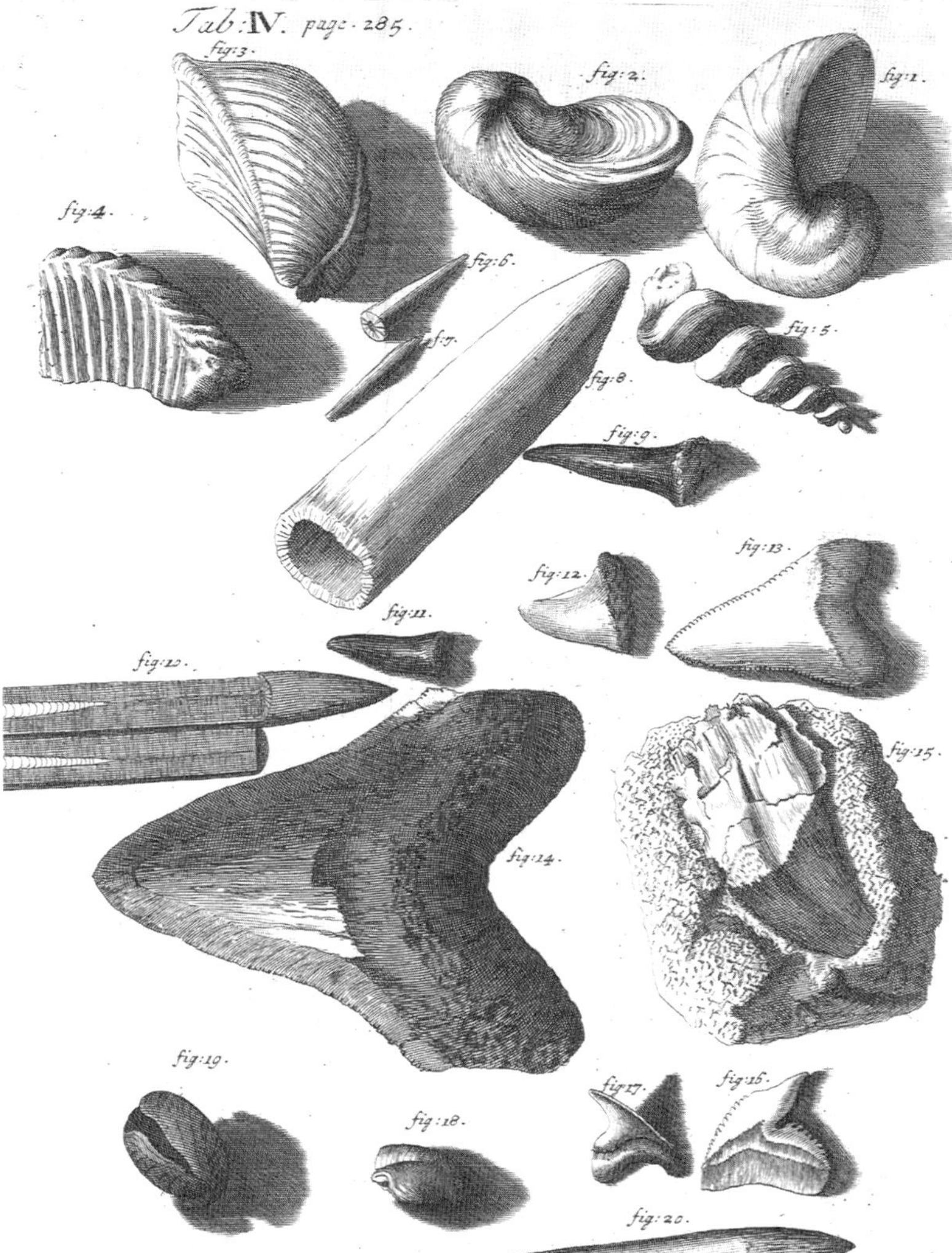

図 5. サメの歯の化石──『遺稿集』より

これにつづく諸命題では一から五が第二の異論にたいする回答、六から一〇が第一の異論にたいする回答と考えられる。たとえば命題一では特定の形状をもつ物体を生物そのものが石化したものと、鋳型の原理によって刻印されたものとに区別し、命題三では石化の要因として地下火や地震に由来する熱の作用、化学的な結晶化、圧縮や冷気による物理的な作用などをあげる。命題四ではさまざまな観察や実験から石化水の存在や性質を論証している。

他方で論説の主要部を占める命題六では地表面の変化にたいする地震の効果を、(一) 隆起、(二) 沈降、(三) 転倒・水平移動、(四) 液化・石化・変形・蒸留などの四種類に分類している。このほかに河川や海の氾濫と大気の振動、すなわち水や空気による侵食・運搬がくわえられる。フックにとって地震は、従来の形成力にとってかわる包括的な働きをする概念となっている。

どのようにしてフックは、こうした考えを案出したのだろうか。ここで彼を現代の科学者のように考えるのは適当でないだろう。野外での観察や標本の顕微鏡による観察、各種の実験も論拠とされるが、圧倒的に多いのは古代の神話的な記録から彼の時代の伝聞までをふくむ自然誌や地方誌からの引用なのだ。こうした態度は同時代のボイルやステノにも見出せる。[28] フックはそれらを再編成して、ある意味では自らが批判したルネサンスの伝統的な自然誌に通底する「地震誌」をつくろうとしたと理解できる。

4　フックとステノ――自然誌と地球の年代学

歴史家によるフックの再評価がステノに比べると遅れたせいか、英語圏の研究者にはステノにたいしてフックの優位性を主張する傾向がみられる。たとえばステノは聖書の記述との完全な一致を論証しようとしたが、フックは年代や大洪水について聖書にしばられない点で「啓蒙主義的」でありさえするという[29]。ここでは両者のテクストだけでなく、議論の土台となった標本にも注目して、彼らの立場の異同をあぶりだしてみたい。具体的には、ステノに帰される自然物の目録をとりあげ、彼自身の考えやフックが記載する化石と比較してみよう。

ステノはトスカーナ大公から依頼されてメディチ家の自然物コレクションを整理し、自身が蒐集した標本もくわえて目録をつくった。一八世紀の後半にフィレンツェ博物館のカタログが作成されたときに、この目

（28）古典の利用については Kristen Birkett & David Oldroyd, "Robert Hooke, Physico-Mythology, Knowledge of the World of the Ancients and Knowledge of the Ancient World," in *The Uses of Antiquity: The Scientific Revolution and the Classical Tradition*, ed. Stephen Gaukroger (Dordrecht: Kluwer, 1991), 145–170 を参照。ボイルの事例は、吉本秀之「ボイル思想の自然誌的背景」『東京外国語大学論集』第六七号（二〇〇四年）、八五―一〇五頁を参照。

（29）Gordon L. Davies, "Robert Hooke and His Conception of Earth-History," *Proceedings of the Geologists' Association of London* 75（1964）, 493–498: 496–497 を参照。

録の写しもつくられた。これを「目録」Indice と呼ぶ[30]。「目録」は、一六六八年までにまとめられた部分と六九年から七〇年の大旅行で収集した標本と考えられる部分からなる。このうちフックとの比較を考慮して、前者における化石をあつかっている箇所を検討しておこう。

「目録」はステノが他の著作中で議論しているサメの歯などを欠くが、つぎのような興味深い事実を指摘できる。収録されている標本に注目すると、彼の『プロドロムス』よりもフックの「六八年論説」との共通点の方が多いのだ。たしかにステノもフックも多様な種類の化石を知っていた。また両者とも従来の発掘物を現代では化石と呼ばれる有機物に由来するものと、その他のものに区別している。だから収録されている対象が似ているのは当然ともいえる。しかしステノは解釈が困難な場合には態度を保留し、古代から議論されていた化石や実際の生物の解剖から確信をもてたものだけを出版物であつかった。一方のフックはアンモナイトを現生種が未発見である動物と考えて、種そのものの絶滅や気候・土壌・栄養の違いによる変種の可能性まで示唆して根本的な解決をはかろうとしている[31]。

しかしフックとステノのもっとも重要な共有点は、地球が歴史をもち一定の信頼しうる手続きによってその記述が可能になるという発想だ。コレクションの標本はフックの言葉によれば、「ピラミッドやオベリスク、ミイラ、象形文字、硬貨」のような太古の遺物にさらに先立つ時代の記念物であって、「自然の年代学」を確立するために利用できるのだ。こうして陳列棚や収蔵庫のコレクションは自然の歴史と対応関係をもつことになる[32]。

こうしたコレクションは社会的な構築物であり、フックやステノが活動したのは私的な珍奇物陳列室《ヴンダーカマー》から公的な博物館への過渡期であった[33]。彼らは蒐集物を容易に利用できる地位にあったと同時に、自らの聴衆にたいして新たな意義を説明する責任を負っていたと考えられる。実際のところ、王立協会のメンバーは当初からフックに異論をとなえ、「六八年論説」はこれに体系的にこたえるために書かれたのだった。しかし彼の主張が理解されたわけではなく、むしろ七〇年代になると化石が有機物を起源にするという仮説に懐疑的なリスターやプロットの登場によって、反対論が幅をきかせるようになる。八〇年代にフックが展開した地震論も、数学者のウォリス（John Wallis, 1616-1703）によって反駁された[34]。しかし彼が化石についての考察を長期にわたって継続した事実は、論争に関心をもつ王立協会員がほかにもいたことを示すだろう。フックの冗長で換言や脱線の多い論述のスタイルは、彼自身が饒舌であったという以上に反対者の多い講演会のための原稿がもとになっていたからだと考えれば納得がいく。

フックは鉱物誌にくわえて、地震誌や火山誌、より包括的には「地変誌」と呼べるような領域に踏みこん

（30） Steno, "Indice di cose naturali, forse dettato da Niccolò Stenone," in *Nicolaus Steno and His Indice*, ed. Gustav Scherz（København: Munksgaad, 1958）, 201–277.

（31） *Posthumous Works*, 291, 327-328 = Drake（1996）, 174, 217.

（32） *Posthumous* Works, 335 = Drake（1996）, 233.

（33） Hunter（1985）, 159. またフィンドレン（二〇〇五年）も参照。

（34） David R. Oldroyd, "Geological Controversy in the Seventeenth Century: 'Hooke vs Wallis' and Its Aftermath," in Hunter & Schaffer（1989）, 207-233.

で、機械論的なモデルにもとづく地球の変動を議論した。とくに地軸の移動のために起こる海陸の交代という循環のメカニズムを説明しようとする。ここには天文学的な証拠を地球論のために活用しようという発想もみられる。[35]

一方のステノが活動したフィレンツェには六七年まで実験アカデミーが存在したとはいえ、それは基本的に初期近代の宮廷文化の諸要素を色濃く残す場所であった。[36] 次章ではヨーロッパ大陸に舞台をもどし、彼のジオコスモス観の背景を再検討してみよう。

---

(35) *Posthumous Works*, 297–298, 312–313 = Drake (1996), 182, 199–200. Cf. Anthony J. Turner, "Hooke's Theory of the Earth's Axial Displacement: Some Contemporary Opinion," *British Journal for the History of Science* 7 (1974), 166–170.

(36) Paula Findlen, "Controlling the Experiment: Rhetoric, Court Patronage and the Experimental Method of Francesco Redi," *History of Science* 31 (1993), 35–64.

第六章　ステノによる地球像とその背景

本章では、ステノの地球論にかかわる一連の著作を考察する。アムステルダムでの留学時代に執筆された『温泉について』からはじめ、ともにフィレンツェで出版された『サメの頭部の解剖』と主著『プロドロムス』までの展開をみていこう[1]。とりわけ『筋学の基本例』に挿入された『サメの頭部の解剖』は、最初期の『カオス手稿』にもみられるジオコスモスへの関心が新しい地球論へと飛躍する過程を示している。

1　『温泉について』

『温泉についての自然学討議』*Disputatio physica de thermis*（アムステルダム、一六六〇年）は、ステノがアムステルダムに留学していた時期に試験で与えられたテーマについて記述したものだ[2]（図1）。専門的な論

（1）　ステノの地球論的な著作は原則として *GP* と *BOP* を参照する。

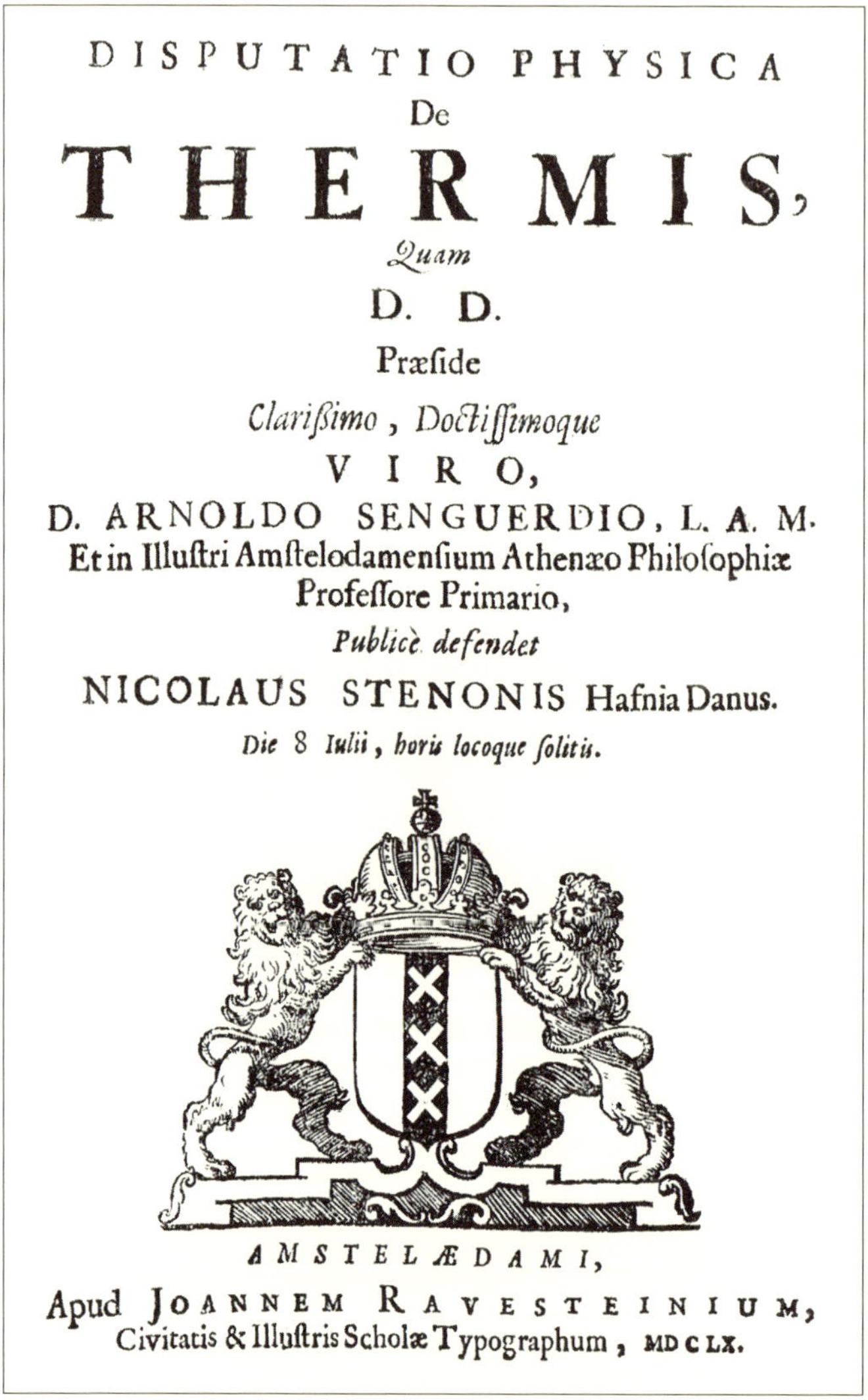
DISPUTATIO PHYSICA
De
THERMIS,
Quam
D. D.
Præſide
Clariſſimo, Doctiſſimoque
VIRO,
D. ARNOLDO SENGUERDIO, L. A. M.
Et in Illuſtri Amſtelodamenſium Athenæo Philoſophiæ
Profeſſore Primario,
Publicè defendet
NICOLAUS STENONIS Hafnia Danus.
Die 8 Iulii, horis locoque ſolitis.

AMSTELÆDAMI,
Apud JOANNEM RAVESTEINIUM,
Civitatis & Illuſtris Scholæ Typographum, MDCLX.

図 1. ステノ『温泉について』の扉

文ではないとはいえ、伝統的な高等教育における「討議」disputatio の形式で温泉という現象について執筆した作品として注目できる。

出題者セングェルト（Arnold Senguerd, 1610-1667）は、アムステルダムで形而上学と自然学を教えていた。この種の討論は教授と学生のあいだで一年に数回おこなわれ、現存する一覧表によれば自然学上の九三題のうち温泉は金属や鉱物、石類といった地上の諸物についての論題のひとつだった。

六頁の本文からなる『温泉について』は、一九の「命題」thesis から構成され、各命題は数行から十数行の簡潔なものだ。末尾に命題から導出される「系」corollaria がふたつあり、質問と解答が記されている。

まず命題一から三で、与えられた論題の「温泉」thermae という用語の由来や関連語を説明し、同じ主題について考察した学者としてイタリアの医学者ファロッピオの名をあげている。[3] つぎに命題四で温泉の熱源を問題にする。水は本来冷たいので、温かさを保つためには持続的な熱の供給が必要だとされる。命題五か

（2）Nicolaus Steno, *Disputatio physica de thermis*（Amsterdam, 1660）. Cf. Gustav Scherz, "Niels Stensen's First Dissertation," *Journal of the History of Medicine* 15（1960）, 247-264.

（3）この方面のファロッピオの著作は *De thermalibus aquis libri septem; de metallis et fossilibus libri duo*（Venezia, 1564）, repr. in *Opera Omnia*（Frankfurt, 1660）, 193-268 が知られている。ルネサンス期の温泉については Kathrine Park, "Natural Particulars: Medical Epistemology, Practice and the Literature of Healing Springs," in *Natural Particulars: Nature and the Disciplines in Renaissance Europe*, ed. Anthony Grafton & Nancy G. Siraisi（Cambridge MA: MIT Press, 1999）, 347-367 を参照。

ら九では、熱源の候補として水と岩石とのあいだに生じる摩擦熱や硫黄の燃焼、地下火、石灰などの化学的な発熱があげられる。さらに命題一〇でステノは、これらの諸原因が複合的に作用すると考え、各原因のどれがどれくらい、どのようにして温泉の温かさをもたらすか議論したいと述べる。このさい熱が物体の運動から生じると認めている。

つぎに命題一一でステノは、温泉中にみられる鉱物に着目する。彼の問いはこれらの鉱物がどこから来て、どのような作用によって沈着するのかという点にあった。温泉が湧出する源泉と温泉水の性質が問題になるわけだが、注意しておきたいのは議論の枠組みだ。ステノは命題一一で、それをつぎのように設定する——

ちょうど動物にふくむ部分・ふくまれる部分・勢いを生みだす部分があるように、［それらの物体にも］気体・液体・固体の部分が区別されるべきだ。礬類や硫黄、明礬、瀝青は簡単に溶解するので、全体が水と混ざり各部分が水と共有されるのだろう。しかし金属や石類は容易に液化しないので、いくらかの微粒子が削りとられる。(4)

あきらかに生物と大地を構成する物体が類比されている。それが意味するところはあとで考察するとして、命題一三から一六でステノは温泉水には気体や固体が溶けこんでいて、さまざまな臭いや発散物を発生し、鉱物を析出すると解説する。

この説明には反論があるだろう。第一に、固体状の物質が水に混ざった場合には混濁するはずだが、澄んでいる場合が多いのはなぜだろうか（命題一七）。第二に、金属は硬いので、すり減らないのではないだろうか（命題一八）。これらの反論にたいして命題一九でステノは答える――塩の粒子が混ぜられている海水が透明なように、溶けこんでいる微粒子が拡散されているために温泉水は濁らないのだ。また金属については四つの例をあげ、硬くみえるものでも摩耗すると主張する。こうした金属は温泉水から分離・抽出できるという。

小論の末尾にあるふたつの系の問答は「金の諸部分はたがいに異質なものか――そうだ」（系一）、「鉄と鋼は種類が異なるか――異ならない」（系二）とある。(5) こうした議論は中世からつづくスコラ学の討論形式を踏襲している。また内容や用語はアリストテレスの自然哲学を継承しているが、粒子論的な説明もおこなわれている。

ファロッピオの影響を強調して、ステノは温泉の熱源や鉱泉水への医学的な関心という中世末期からルネサンス期の伝統を尊重しているという見解もある。この延長上に『サメの頭部の解剖』における「堆積物」sedimentum の概念の起源をみることもできる。(6) しかしファロッピオのみを典拠とするには留保が必要だろう。これ以前に書かれた最初期の『カオス手稿』を点検してみると、同様の話題はウァレニウスやガッサンディの著作からの抜書きにもみられるからだ。また温泉や鉱泉水の医学における利用にはパラケルスス主義

（4） *GP*, 56 = *BOP*, 350.
（5） *GP*, 60 = *BOP*, 351.

者たちも大きな関心を払っており、コペンハーゲンで国王の侍医をしたセヴェリヌス（Petrus Severinus, 1540/42-1602）からの流れも考慮できるだろう[7]。

鉱物の生成をあつかっている『温泉について』の後半では、生物体における「ふくむ部分」partes continentes や「ふくまれる部分」partes contentae,「勢いを生みだす部分」partes impetum facientes が、大地を構成する物体の固体状・液体状・気体状の部分と類比されている。これはのちの『プロドロムス』の核心となる「固体のなかの固体」という考えを想起させる。さらにこの三区分は、当時の生理学の教科書に見出される身体の諸部位・体液・力能の区分に対応しているとも考えられる[8]。

ステノはこうした生理学的な概念を大地の諸物体にも当てはめようとした。流体からの固体の生成を解明し、それを人間の身体（ミクロコスモス）だけでなく地球（ジオコスモス）にも適用する発想は、生理学の伝統に基礎をおいていたと理解できる。これはのちの『サメの頭部の解剖』をへて『プロドロムス』に流れこむ考え方で、こうした類比による思考が初期の作品に見出せる点に着目しておきたい。

2 『サメの頭部の解剖』

2-1 解剖学的な記載

一六六六年の秋、イタリアの港町リヴォルノで大きなサメが陸揚げされた。サメの頭部は筋肉の研究に余念のなかったステノの熟練した手に委ねられた。多くの好奇心旺盛な人々が公開解剖を見学したという。あ

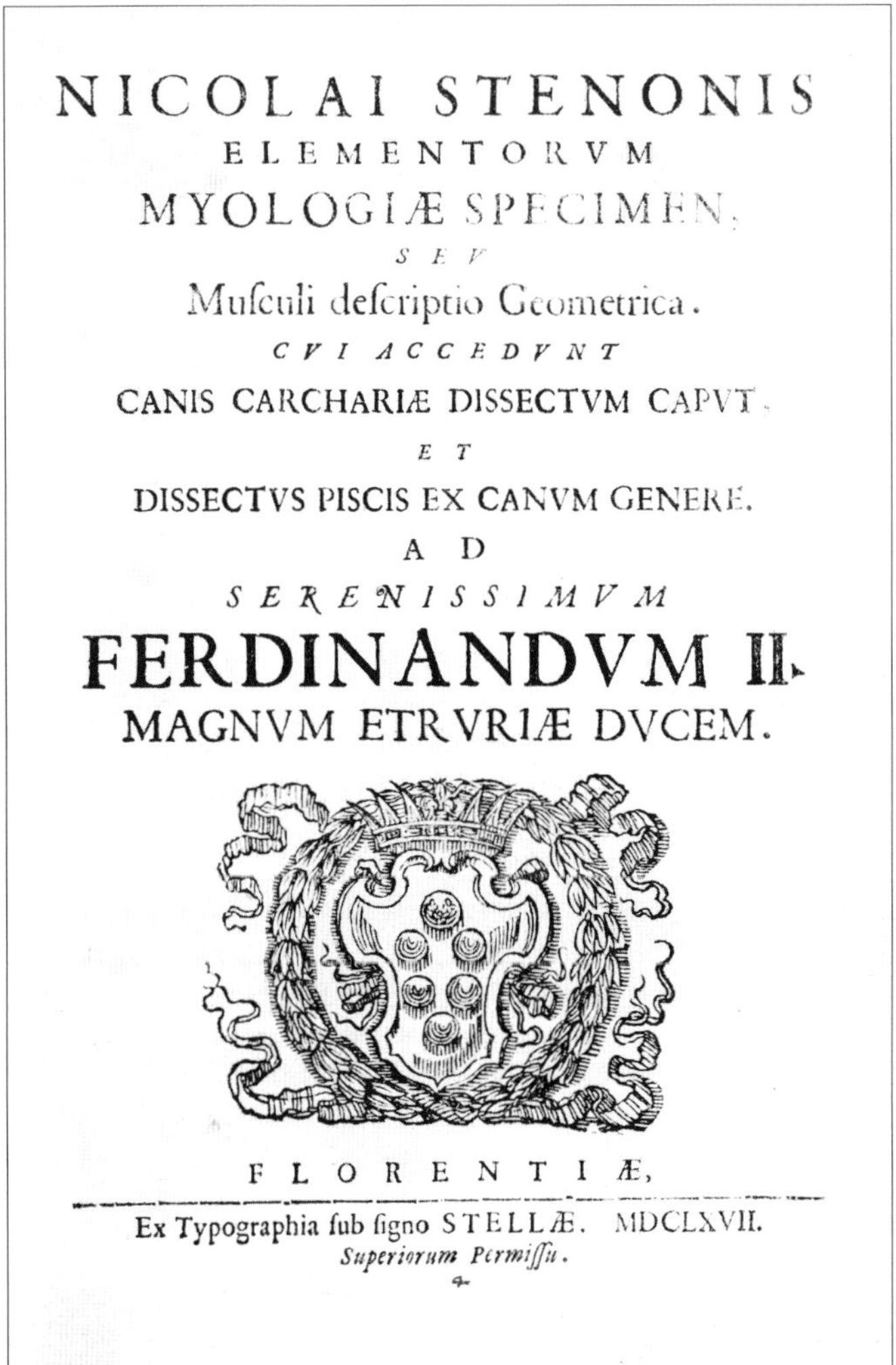

NICOLAI STENONIS
ELEMENTORVM
MYOLOGIÆ SPECIMEN,
SEV
Muſculi deſcriptio Geometrica.
CVI ACCEDVNT
CANIS CARCHARIÆ DISSECTVM CAPVT,
ET
DISSECTVS PISCIS EX CANVM GENERE.
AD
SERENISSIMVM
FERDINANDVM II.
MAGNVM ETRVRIÆ DVCEM.

FLORENTIÆ,
Ex Typographia ſub ſigno STELLÆ. MDCLXVII.
Superiorum Permiſſu.

図 2. ステノ『筋学の基本例』の扉

球論への道を開拓する第一歩を意味した。前半はサメを解剖学的に記載し、後半で地中の堆積物にふくまれる物体について議論する。前半と後半をつなぐ「脱線」digressio と題された部分で現生のサメの歯と舌石の関係に言及している。

ステノは冒頭で著述の経緯を説明する。筋肉についての議論は退屈だろうから、趣向の違った題材をあつかってみるのだという。(10) それが巨大なサメの頭部だった。ラミアという怪物の名でも呼ばれる「ホオジロザメ」Canis Carchariae で、本書の第一章で紹介したメルカーティによる図版が採録されている。

各部分の記載に目を移すと、まずサメの皮膚の脈管と分泌物や腺との関係をとりあげ、皮膚に付着する腱について記述している。ここで人間の身体にも言及しており、腹部の筋肉は皮膚と結びついた腱をもつとする。以下、軟骨や視神経、眼の筋肉、結晶質のレンズ体、脳、あご、歯とつづく。目の記述は正確で、はじめて視神経や視神経の交差であるキアズマと呼ばれる部位の存在を示し、軟骨魚類に特有の眼球を固定する柄の記述をおこなった。

現在の単位に換算して千三百キログラムを超える全体重にたいし、脳は約九三グラムしかないため、ステノはサメが巨大な体躯の運動や感覚を自由に制御できないだろうと指摘している。さらに他の生物も参照して、神経末端の多くが脳ではなく脊椎中に見出されると推定した。この箇所の最後で神経と筋肉の挙動を調べるために大動脈に結紮《けっさつ》をほどこす「ステノの実験」の記述がみられる。

(10) *Canis*, 69 = *GP*, 72 = *BOP*, 571.

つづいて歯の記述がくる。ステノはメルカーティが六列しか認めなかったサメの歯の配置を歯茎の肉の内部まで切除して一三列あるのを見出した。隠れている歯は肉のように軟らかく外側や先端から次第に硬くなり、歯肉からでてくる。まだ軟らかいものの内部は繊維質だ。さらにブタなどの例が参照され、歯の一般的な性質が骨と対比して記される。ステノは、こうした研究の積み重ねによって歯の治療法を改善できると主張する。

これらの説明をうけて、舌石についての議論が挿入される。当時まだ決着していない論争の的は、舌石がホオジロザメの歯か、大地によって生成された石類かという点だった。ステノは留保を重ねた慎重ないいまわしながら、生物起源を支持して論争に参入する。

2-2　地球論的な「脱線」

以下の議論は、「大地から掘りだされた動物の部位に似た物体についての脱線」という小見出しがついている。まず一一項目の観察の「記述」historia があり、これをもとに六つの「推論」conjectura が主張される。本題からの逸脱を意味する脱線は、しばしば重要な見解を述べる方法として採用されていた。

観察の諸事実は大地の物質からとられていて、たとえば第一項では「水生動物の部位に似た物体が掘りだされる土は、ある場所では硬く「石灰華」tophus や他の石類のようであり、別の場所では軟らかく粘土や砂のようだ」と記している。また第三項では「さまざまな場所で、土が交互に横たえられて水平線にたいして斜めになっている層からできているのをみた」と地層の形状を記録している。(11) それぞれの地層同士の関係はのちに『プロドロムス』で精緻に記述されるだろう。そして第九項以降で化石があつかわれる。とくに第九項が重要となる――

さまざまな水生動物の部位に似た物体で、硬いにしろ軟らかいにしろ土から掘りだされたものは互いに似ているばかりでなく、それらが対応する動物の部分にも非常によく似ている。そして条線の入った管においても、薄層の構造においても、くぼみの丸みや屈曲においても、二枚貝の接合部や蝶番においてもなんらの相異もない(12)。

化石と現生生物の部位が微細なレベルでも相似だと認識し、生物の各部分のもつ機能に注目して、ステノは化石の生物起源を確信する。さらに最後の第一一項では化石の産状を述べている。具体的にはカキやホタテ貝、巻き貝、舌石がとりあげられ、それらが変形され塊になったり、砕かれたり、母岩に付着したりして掘りだされる様子を観察している(13)。

これらの観察からまず推論一から二で、現在では地中で生物の部位に似ている物体が新たに生成してはい

(11) *Canis*, 91 = *GP*, 94 = *BOP*, 585.
(12) *Canis*, 92 = *GP*, 96 = *BOP*, 586.
(13) *Canis*, 93 = *GP*, 96 = *BOP*, 586.

ないと主張される。つぎに推論三で大地がかつては水で覆われていたとし、推論四と五で過去のある時期に土と水が混合され、そこから堆積物が生成したと推定する。堆積物の生成には物理的な沈積と化学的な沈殿が区別され、後者では実験室からの類比が援用されている。またガッサンディを参照して、人間の体液、とくに尿のなかにできる沈殿物と地球の「体液中」にできる生成物との類比にも言及している。こうして最後に推論六で、「大地から掘りだされ、動物の部位に似ている物体は、動物の部位だとみなすべきだという見解に反するものはない」と強調するにいたる。[14] つづいて舌石の場合をみてみよう――

それらがホオジロザメの歯であるのは形状からわかる。というのも面と面、側面と側面、底面と底面がほとんどまったく等しいからだ。〔…〕マルタ島からもたらされる舌石の数が豊富なのはなんら困難を生じさせるものではない。同じサメに二〇〇以上の歯が数えられ、新たなものが毎日のように生えているからだ。[15]

こうしてステノは、舌石がサメの歯だと公言する人々が真実から大きく隔たっているとは思えないと結論する。

化石の生物起源を主張する場合、ふたつの問題を首尾よく説明しなければならなかった。ひとつはどうして海に生息する生物の残骸が陸上で発見されるのかという点であり、もうひとつは生物と化石の物質的な違いだ。第一の論点について、ステノは地下の「蒸散気」halitus の発火や地震などによる変動を原因と考え、証拠として聖書および教父テルトゥリアヌス（Tertullianus, c. 155–c. 222）や哲学者プラトン、ローマの歴史家タキトゥス（Tacitus, c. 55–c. 120）といった古代人たちの記述を援用している。

第二の論点については、アグリコラがもちいた液汁の挙動から生物体が石化する過程を説明しようとした。推論六で、堆積物と生物体のあいだを動きまわる微細な流体が「まわりをとりまく土の本性にしたがって」動物性の液汁を生物体から抜きだしたり、鉱物性の液汁を生物体に注入したり、あるいは動物性の液汁を鉱物性の液汁へと変化させたりして一連の過程が進むと示唆している。(16) このようにしてステノは自らの主張の一貫性を擁護した。

2-3 自然誌の引用をめぐる問題

ここで少し視点を変えて、ステノが文献学者ダーティ（Carlo Roberto Dati, 1619–1675）の手元にあったメルカーティの図版を借用した経緯に触れておこう。実際に解剖したサメの頭部は捕獲のさいに傷つけられて素描に耐えなかったため、彼はダーティの申し出をうけたと説明している（図3）。第一章でみたように、メルカーティの『メタロテカ』は図版ともども一六世紀につくられたが、出版されずに手稿のままだった。

（14） *Canis*, 104 = *GP*, 108 = *BOP*, 592.
（15） *Canis*, 109–110 = *GP*, 114 = *BOP*, 594–595.
（16） *Canis*, 108 = *GP*, 112 = *BOP*, 594.
（17） *Canis*, 70–71 = *GP*, 72–74 = *BOP*, 573.

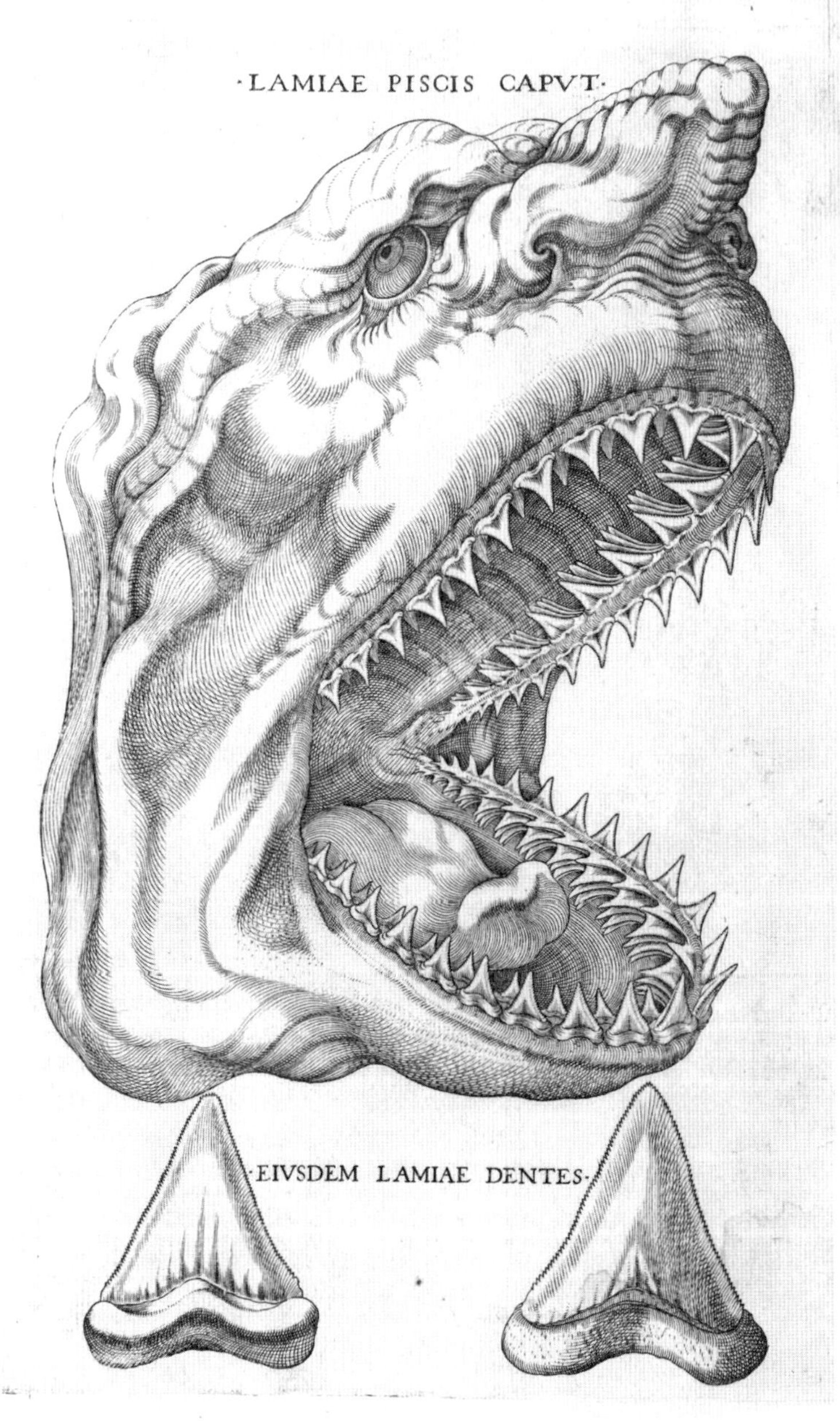

図 3. サメの頭部――『筋学の基本例』より

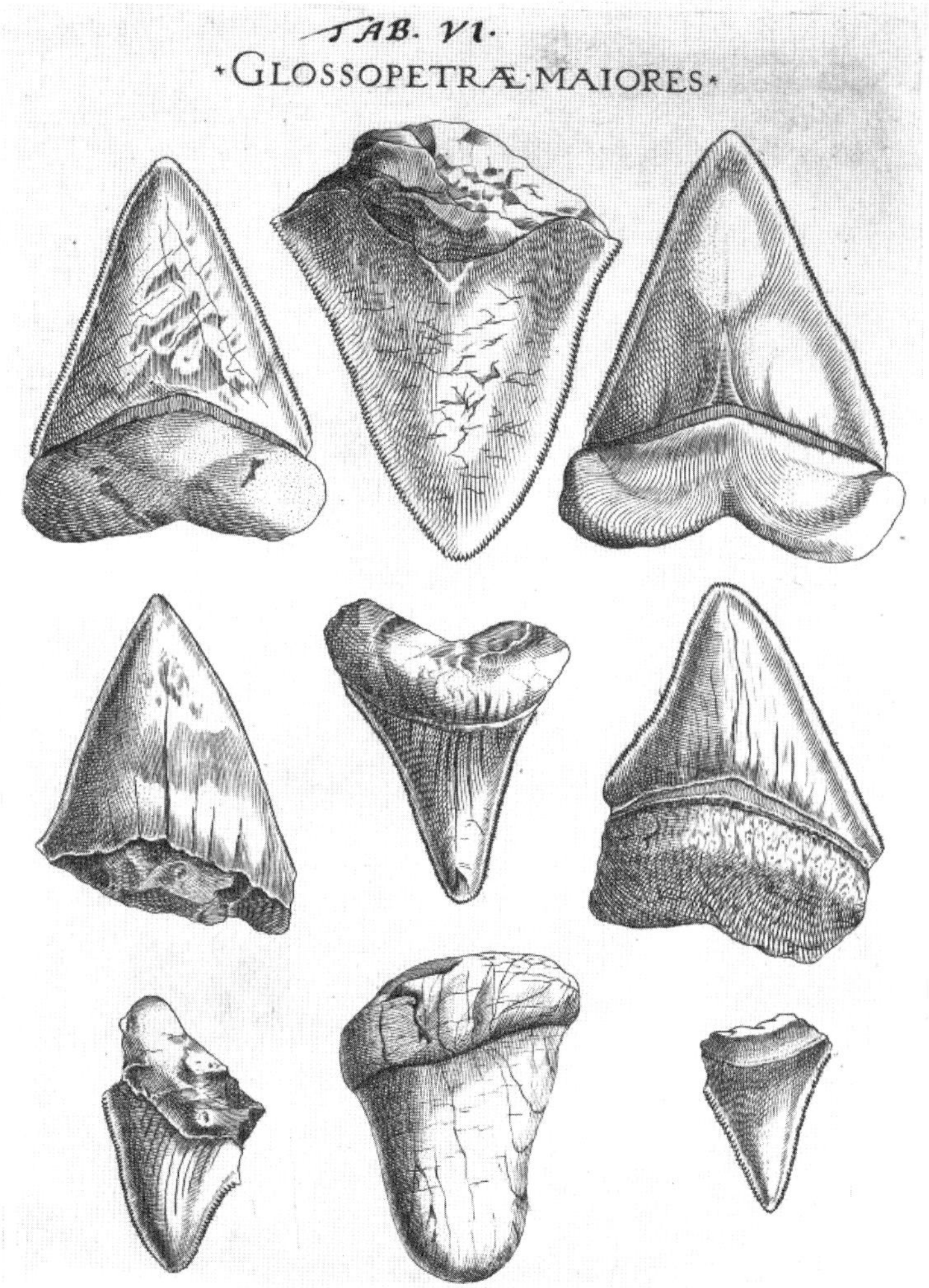

図 4. 舌石——『筋学の基本例』より

ステノはサメの頭部の図版のほかに舌石のものを借用し、手稿からも引用している[17]（図4）。

なぜステノは、これらを化石についての見解を異にする人物の著作から借用したのだろうか。サメの頭部の図版は視覚的な効果をもつと同時に、わざわざ独立した精密な歯も描かれており、舌石のものと対比できるようになっている。現生のサメの歯と舌石についての話の導入として好都合だったわけだが、これにはつぎのような背景も考えられる。

ルネサンス期の博物学者たちは百科全書的な自然誌の伝統を確立したが、一七世紀になると私的な博物館が発展し、蒐集内容が出版され、標本や情報を交換するネットワークも成熟してきていた。ステノはウォルミウスら私設博物館をもつ人々と蒐集物をよく知っており、図版の借用はそうした蒐集と情報網を尊重する態度の表明とうけとれる[18]。

また巻頭の献辞によれば、主君フェルディナンド二世は通常の見世物のかわりに科学的な活動を好み、心の慰みとした。公務で疲れた大公を研究の成果で喜ばせるのはステノの職務でもあり、意欲をかきたてる知的遊戯の側面をもっていた[19]。サメの公開解剖だけではなく、化石をめぐる論争に終止符をうつ具体案とともに、彼は大地の太古の大変動を示唆するスペクタクルを提示したのだ。科学にもとづく「自然の歴史」という見世物が、主君の心をくすぐらない理由はなかった。トスカーナ大公国のもつ海の恵みの意義を幅ひろい文脈で議論するにあたって、メルカーティの図版は格好のひき立て役になったに違いない。ステノが採用した図版にはこうした機能もあった。

2-4　地球論へのステップ

以上みてきたように、ステノは実際の解剖を契機に現生のサメの歯と舌石を比較し、慎重ながらも化石の生物起源を主張した。ルネサンス期からの伝統的な自然誌を踏まえつつ、それとは異なる新しい展望を提出している。たとえば化学的な実験をもとにして堆積物の形成を説明し、それを化石化にも適用した。しかしこの時点では、デカルトの『哲学原理』にみられるような地球全体の生成にまでは言及していない。ステノは筋肉の研究で、マクロコスモスとしての宇宙、ジオコスモスである地球、そしてミクロコスモスにあたる人間の身体を並列して自問する——

なぜわれわれは天文学者が天体に、地理学者が地球に、また一例をミクロコスモスから選べば、光学についての著者が目に適用したのと同様のことを筋肉に適用してはならないのだろうか。[20]

そしてガッサンディに言及しつつ、食物がミクロコスモスの体液に与える影響を考慮して太陽や月の変化や運動が地球の「体液」におよぼす効果を示唆した。[21]

(18)　ラドウィック（二〇一三年）、六二—六三、六五頁；フィンドレン（二〇〇五年）、三五七—三五八頁を参照。
(19)　*Elementorum myologiae specimen*, 献辞, sig. *2v = *GP*, 68 = *BOP*, 545.
(20)　*Elementorum myologiae specimen*, 献辞, sig. [*3r-3v] = *GP*, 68-70 = *BOP*, 547.
(21)　本書の第二章第四節を参照。

こうした一連の議論は、地球論の系譜に重要な位置を与えられるべきだろう。しかし筋学書への付論におけるそのまた脱線という手のこんだ形態でこそ、ステノは大胆な試みを示せたのだ。さいわい周囲の反応は悪くなかった。これをうけて、ジオコスモスを本格的にあつかう『プロドロムス』が「前駆」(プロドロムス)としての試論という体裁で完成される。

3 『プロドロムス』

サメの解剖の一年後にステノはデンマーク国王に召喚されるが、それまでの二年足らずの時期に執筆されたのが主著『プロドロムス』*Prodromus*(フィレンツェ、一六六九年)になる[22](図5)。それまでの研究に暫定的な結論を与えるために起草され、『サメの頭部の解剖』よりも包括的な議論がおこなわれている。

『プロドロムス』は、層序学の基本原理としての「地層累重の法則」や結晶学の基礎となる「結晶の面角一定の法則」が記載された書物として知られている。正式な題名は『固体のなかに自然にふくまれた固体についての論文への前駆』*De solido intra solidum naturaliter contento dissertationis prodromus* で、予告された本体は結局のところ完成されなかった。題名の「固体のなかの固体」solidum intra solidum は、ここで再解釈

(22) Steno, *De solido intra solidum naturaliter contento dissertaionis prodromus* (Firenze, 1669) = N・ステノ『プロドロムス:固体論』山田俊弘訳(東海大学出版会、二〇〇四年)。

NICOLAI STENONIS
DE SOLIDO
INTRA SOLIDVM NATVRALITER CONTENTO
DISSERTATIONIS PRODROMVS.
AD
SERENISSIMVM
FERDINANDVM II.
MAGNVM ETRVRIÆ DVCEM.

FLORENTIÆ
Ex Typographia ſub ſigno STELLÆ MDCLXIX.
SVPERIORVM PERMISSV.

図 5. ステノ『プロドロムス』の扉

される発掘物をあらわしている。この概念が個別の項目を包括する枠組みを理解するための鍵となる。

『プロドロムス』は四部構成で、第一部では著作の目的が説明されている。それは「どのようにして海成の事物は、海から離れた場所にとり残されたのか」という、古代から人々を悩ませていた疑問にこたえることだ。[23] 大地や物質にやどる形成力によって海成の物体に似たものが陸上で生成され、それが発掘物となるという考えも再検討されなければならない。ステノ自身の「第一の疑問」は、マルタ島産の舌石がかつてサメの歯だったのかどうかだった。大地がこうした物体を生成する能力をもつならば、岩石中に見出される鉱物性の結晶もその場所で「固体のなかの固体」として生成されたのかを調べる必要がある。ここでは物体が粒子からなり磁石・火・光の作用にしたがうという点が前提とされ、運動を決定する要因は流体・生物・神的なものの三つとされる。[24]

第二部は研究の具体的な指針を与える。すなわち「特定の形状をもち自然の法則にしたがって生成する物体が与えられたとき、物体自体のなかに生成された場所と方法を示す証拠を見出すこと」である。[25] ここにいう「場所」は、問題となる事物が発見された場所とはかぎらず、むしろ物体がもともと生成された場所を意味している。この指針は三つの命題で表現されており、まとめるとつぎのようになる――

一、固体がたがいに包含する・包含される関係から生成の順序が読みとれる。

二、地層は濁水の沈殿物に似ており、水晶は物質の結晶に似ている。また化石は動植物の部位に似ているので、それぞれの生成の方法と場所も似ているはずだ。このように固体間の類似はそれらの成因の相似も示唆する。

三、固体は流体から粒子が付加されて生成される[26]。

第三部では、それぞれの「固体のなかの固体」が新たな分類のもとで解説される。すなわちメノウなどの皮殻で覆われたもの、土が堆積した「地層」strata terrae, 水晶などの結晶をあらわす角ばった物体、発掘物として多くみられる貝殻、サメの歯などの動物の部位、押し葉のようになった状態で見出される植物である。はたして地層は「固体のなかの固体」なのだろうか。「層が形成されるときには、それがいかなる層であっても、他の固体によって横から囲まれていたか、あるいは層が全地球を覆っていたかのどちらか」とあるように、ステノにとって地層とは上方の開いた容器のなかにある「固体のなかの固体」なのだ。こうした文脈で地層累重の法則が述べられる――「ある上位の層が形成されるときには、より下位の層はすでに固体の堅固さをもっていた[27]」。これによって各層の空間的な関係はそれぞれが生成した時間的な順序として解釈される。

---

(23)『プロドロムス』第一部、一九頁。
(24)『プロドロムス』第一部、二三―二四頁。
(25)『プロドロムス』第一部、一三頁。
(26)『プロドロムス』第二部、三七―四一頁。
(27)『プロドロムス』第三部、六三頁。

つづいて地層の変動の問題に目がむけられる。全地球を覆っていた地層が変化して一部が陥没して低くなると、高所に残った部分が山地をつくる。したがって、現在の山地は最初からあったわけではない。これは同時に、化石の生物起源を説明するために欠かせない論点となった。そこからキルヒャーが動物の骨と比較したような山地の生成は否定され、デカルトが主張した機械的な大構造の生成が採用される。また地球の特定の方向にそった山地の連鎖というものは理性にも経験にも合致しないとされる[28]。

地層の変動は崩落だけでなく地下からの噴火や流水によってももたらされ、地上の凹凸を形成する。こうした変化にともなって、大地の割れ目から水が湧出したり、風が突発したり、さまざまな鉱物が鉱脈中に形成されたりする。

鉱物の結晶をあらわす「角ばった物体」としては、水晶や赤鉄鉱、ダイヤモンド、黄鉄鉱がとりあげられる。なかでも水晶と赤鉄鉱については断面図や展開図が描かれている[29]（図6）。そこでは結晶の面角が変化しない規則性は、結晶面の成長と不可分な現象とされる。

それでは舌石はどのように議論されているのだろうか。顕微鏡をもちいたと思われる貝類の殻の周到な記載や化石貝殻の変質・置換の説明のあと、ステノは動物の部位の一例として舌石をとりあげ、構造や物質な

(28)『プロドロムス』第三部、六八頁。
(29) 展開図の利用については、山田俊弘「君主と鉱物：エラスムス・バルトリン『氷州石の実験』（一六六九）の含意するもの」『科学史・科学哲学』第一七号（二〇〇三年）、六九―八七頁を参照。

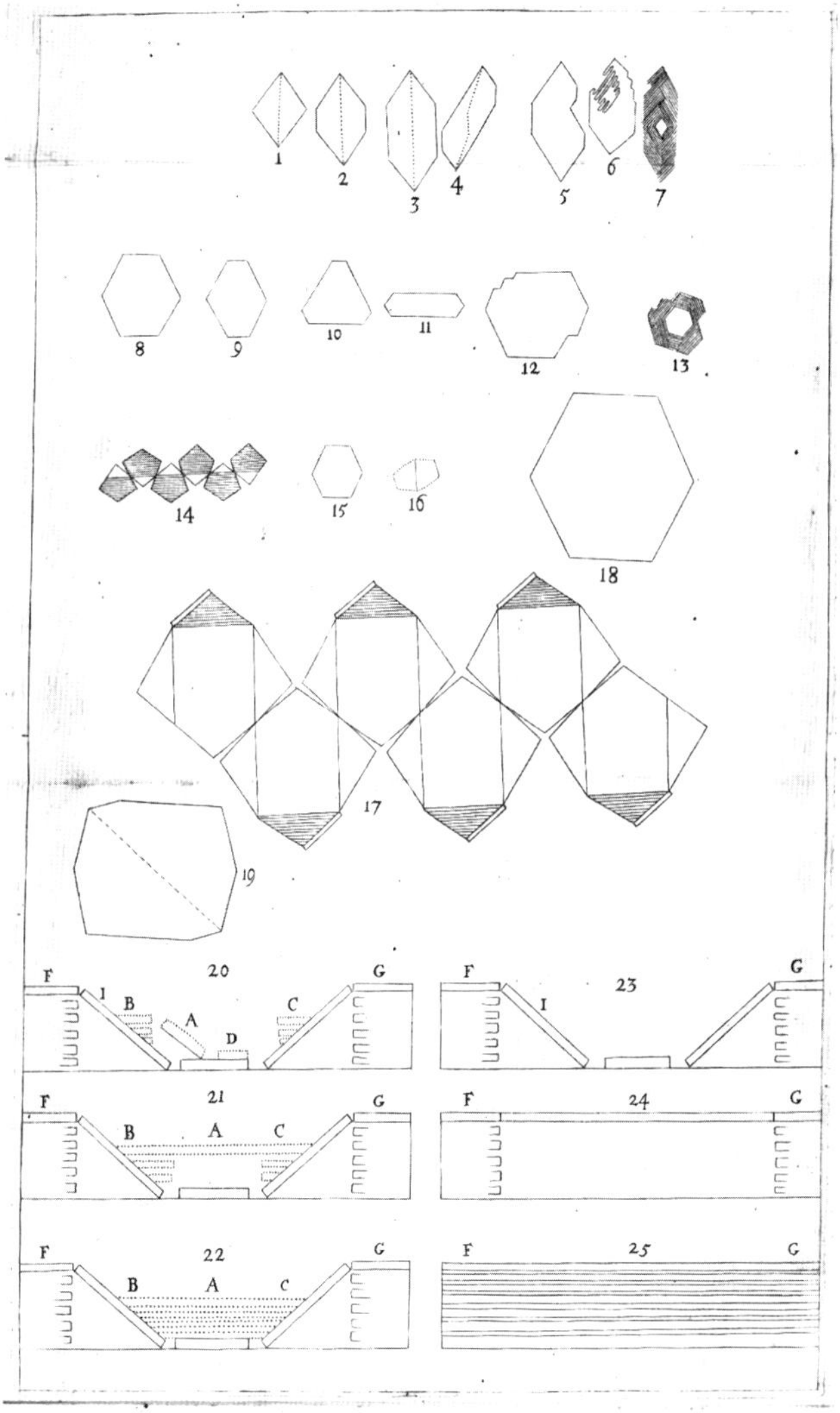

図 6. 結晶の展開図と大地の構造発達図——『プロドロムス』より

どの要素からそれがサメの歯だったと断言する。すでに地層形成の意味を理解し、地球の歴史の記述を視野にいれた彼の筆致は明快であり、もはや『サメの頭部の解剖』でみせたような留保はない(30)。

最後の第四部はトスカーナ地方の「構造発達史」をあつかい、地表面の起伏に認められる変動の証拠や世俗の歴史、古代の説話や自然誌から六段階の変化を想定している。これは世界全体にもあてはまり、地表が流体に覆われた氾濫期・水平層の出現と地下空洞が形成される乾燥期・地層の崩落期という三段階が、二度くり返されながら発展したとされる(31)。ステノは旧約聖書の『創世記』にしたがい、各段階において聖書の記述と自然の証拠は矛盾しないと解説する。挿画（図6）の二〇から二五（時間の経過は二五から二〇にむかう）をみながらたどってみよう――

第一の大地の局面については、すべてが水で覆われてしまっていたという点で聖書と自然は一致している。だが、それがどのようにして、いつはじまり、どれくらいの期間そうであったかは、自然が沈黙する一方で聖書は物語っている。しかし、まだ動物や植物が出現していなかった時期に水性の流体があったこと、そして流体がすべてを覆っていたことは、高山の層があらゆる異質な物質を欠いているので決定的となる。［…］山地の層における物質と形状の類似性は、流体が全世界的であったことを立証する(32)。

つづいて乾燥期と崩落期のあとに、第二の氾濫期にあたる第四の局面にいたる。このときの出水がノアの箱舟のエピソードで知られる「大洪水」と解釈される。崩落でできた窪地にあふれた海水の高さがどれくらいになったかは、堆積物でできた丘陵の分布をみればわかるとステノは指摘する。そして地球の中心火のまわりに巨大な貯水場があるという仮説から、洪水の原因を考察している。こうした自然の観察とモデルにくわえて「世俗的な歴史書」が一連の解説を支持するという――

トスカーナの古代都市の誕生は三〇〇〇年以上前にさかのぼり、いくつかは海によって生成された丘陵にきずかれた。さらにリディアでは四〇〇〇年近くにもなるので、海から大地がとり残された時期は聖書が記録している時期と一致すると見積もってよいだろう。(33)

丘陵部で発掘される貝殻が大洪水のときに流されてきたと考えれば、第一の氾濫期に形成された山地から同種の貝が産出しないのも説明がつく。こうした動物化石の意味を解説するために、ステノは歴史書の記述と発掘物や地層の証拠をつきあわせて「歴史」を再構成する。(34) トスカーナ地方の各所での野外調査の結果が垣間みられるところでもある。

(30) 『プロドロムス』第三部、一〇〇―一〇一頁。
(31) グールド(一九九〇年)、七七―八七頁を参照。
(32) 『プロドロムス』第四部、一三七頁。
(33) 『プロドロムス』第四部、一四〇頁。
(34) 『プロドロムス』第三部、一〇二―一〇四頁。

ステノによる大地の構造発達図は、デカルトによる地球生成の説明図と対応するわけではないが、地下に空洞ができ上部層が崩落して山地と海が形成されるという発想を引きついでいる。デカルトは崩落を一回だけ認め、聖書や他の歴史書との対応には一切言及しない。一方のステノは二回の崩落から地形の形成を説明した。第一の崩落で山地が、第二の崩落で丘陵ができる。最初の山地をつくる堆積物は天地創造のときの産物で化石をふくまないが、丘陵をつくる堆積物は大洪水のときの産物で化石をふくむ[35]。このように既存のモデルを改良して発掘物の解釈を一新し、地球の歴史を具体的に議論できるようにした意義は大きい。

あらためて第二部の三命題、とくに命題二にある場所の説明から命題三の流体をあつかう箇所を見直してみよう[36]。「場所」locus とは解剖学や発生学でいう子宮、つまり母相を想起させるが、ここでは具体的に物体の表面にじかに接している別の物質をさす。ステノによれば、固体の形成のはじまりとなる「最初の輪郭」prima lineamenta はわからないが、固体の成長は流体からの粒子の付加によって説明される。この「最初の輪郭」も解剖学や発生学の用語だ。また流体は外的なものと内的なものに区別される。外的な流体から堆積物や皮殻、鉱物性の結晶が、内的な流体から脂肪や軟骨、繊維のような固体ができる。

このようにステノは、ミクロコスモスとジオコスモスの双方における固体の生成を説明しようとする包括的な、彼の言葉でいえば「固体のなかの固体」についての統一的な説明を提出しようとしていた。こうした発想の萌芽は、学生時代の『カオス手稿』や類比によって人体内の結石と洞窟内の石類の生成を議論した師ボリキウスの著作にも見出せる[37]。

もちろん『プロドロムス』のおもな対象は、外的な流体から生成される固体群だ。そして巻頭で自然学と地理学に役立つと主張されているように、ステノの議論の斬新さは解剖学にもとづいた自然学的な考察をジオコスモスと結びつけた点にあった。[38]

4　ジオコスモスの変容と新しい地球論の意味

フックとステノのあいだには、どちらが地球論における基本原理を確立したかという先取権をめぐる論争が存在する。ここではステノの著作が英国でどのように受容されたのか、相互の交流はなかったのかを検討して、この論争に新しい視点を提出しよう。

王立協会の秘書オルデンブルクはステノの著作群を『哲学紀要』で紹介したが、すでにフックが舌石をふくむ化石の起源について公開講義であつかっていたと注記している。[39] たしかにフックは一六六三年から化石

（35）ステノの提唱する六段階の背景に教父アウグスティヌスの「六時代」sex aetates の理論をみる見解は Tore Frängsmyr, "Steno and Geological Time," in Scherz (1971), 204-212 を参照。

（36）『プロドロムス』第二部、三九―四六頁。「場所」の定義でもちいられる表現については、アリストテレス『自然学』第四巻も参照。

（37）『プロドロムス』第二部、四八頁。Cf. Olaus Borrichius, *Dissertatio de lapidum generatione in macro et microcosmo* (Ferrara, 1687).

（38）『プロドロムス』第一部、七頁。

を研究していたので、六五年末に英国からの来訪者がステノに会ったさいに講義の内容を伝えた可能性もある。

七一年になって、オルデンブルクは『プロドロムス』を英訳して出版した。さらに数年たってから、フックは自説が剽窃されたと抗議する。なるほどオックスフォード大学に残されている英訳本の一冊には、フックの友人オーブリーによる書きこみがあり、それによると「六四年ごろに読まれたフック氏の固体のなかの固体についての講演の写しをオルデンブルク氏がステノ氏に送り」、後者がそれをイタリアで出版したという。[40] しかしステノは六七年になっても舌石の生物起源を断定していなかった。またオーブリーが主張する「固体のなかの固体」についてのフックの講演は存在を特定できず、著作にもこの表現はみられない。

したがって仮に化石についての見解がステノに伝わっていたとしても、それをそのまま流用したとは考えにくい。むしろ独自の思考と環境のなかで『プロドロムス』に見出される内容に到達したとみるのが自然だろう。また英訳本の出版から時間をおいてフックが抗議したのは、当時オルデンブルクとの関係が悪化したのが直接的な要因のようだ。[41] それ以外の英国人たちの『プロドロムス』への反応をみるなら、ステノの主張への賛否は別として非常に真摯なものだった。

ここで触れておかなければならない重要な人物がもう一人いる。それは『プロドロムス』の英訳版の出版に関与したとみられるボイルだ。英訳本の序文でオルデンブルクは、ボイルがすでにステノと同様の主題をあつかっていたと指摘する。[42] さらに彼の著作を要約し、鉱物質の液汁による石化にも触れている。そして彼こそが多様な石類や結晶が「固体のなかに閉じこめられて見出される」理由を探究したと主張する。そこには地中に埋められ固体中に閉じこめられて固くなった動植物もふくまれていた。議論の一部は『宝石の起源と性質にかんする試論』*An Essay about the Origine & Virtues of Gems*（ロンドン、一六七二年）として出版された。

ステノの師ボリキウスが渡英してボイルと会見している事実を考慮すると、六〇年代に進められた後者の研究がなんらかの影響を与えたのも否定できない。またボイル自身がこうした活動の過程で育んだ地球観も気になるところだ。しかし周到に準備された解剖学的な議論を土台に、事物の生成の順序を解明する地球論を構築した仕事はステノならではのものといえるだろう[43]。

（39） *Philosophical Transactions* 32 (10 February 1667/68), 627-628.

（40） Steno, *The Prodromus to a Dissertation Concerning Solids Naturally Contained within Solids...* (London, 1671). Cf. Victor A. Eyles, "The Influence of Nicolaus Steno on the Development of Geological Science in Britain," in Scherz (1958), 167-188: 174.

（41） オルデンブルクとフックとの確執については、金子務『オルデンバーグ：十七世紀科学・情報革命の演出者』（中央公論新社、二〇〇五年）、九六―一〇四頁を参照。

（42） ボイルのこの主題への関心については Hiro Hirai & Hideyuki Yoshimoto, "Anatomizing the Sceptical Chymist: Robert Boyle and the Secret of his Early Sources on the Growth of Metals," *Early Science and Medicine* 10 (2005), 453-477 を参照。

（43） Toshihiro Yamada, "Hooke-Steno Relations Reconsidered: Reassessing the Roles of Ole Borch and Robert Boyle," in Rosenberg (2009), 107-126 を参照。

一七世紀の地球論は、一九世紀に確立する地質学の視点からのみ語られるべきものではないだろう。たしかに発掘物の成因を見極めたうえで新しい分類法を提出した点から、ステノの貢献は「革命」と呼ばれることもある。[44] だがすでにみたように、発掘物の生成についての彼の議論は生物体内の固体の生成と密接に結びついたものだった。フックやステノは時代の要請からそれぞれの地球論を模索し、結果的に地質学の先駆者とみなされるようになっただけともいえる。しかしジオコスモスの変容がこの学問の誕生をあとづける物語だけに還元できないとしたら、そこではなにが起こっていたというべきなのだろうか。

フックは地球の歴史の解読者だけではなく、神話の解釈者でもあったと指摘されている。彼はベイコンの『古代人の知恵について』*De sapientia veterum*（ロンドン、一六〇九年）の注意深い読者であり、諸民族がそれぞれの「真の歴史を空想的な寓話に変換した」という主張を理解していた。[45] フックによれば史実と同じだけの数の寓話があるが、伝達の仕方には四つの可能性がある。（一）真の歴史がまれに真の歴史として、（二）寓話が寓話としてそのまま伝わる場合がある一方で、（三）真の歴史が実際は寓話であったり、（四）寓話がじつは真の歴史であったりという変換がある。

ここからつぎのような問いが生じても不思議ではない。人類の創世についての聖書の記述は真の人類史なのか、それともたんなる寓話なのか。四つの場合のどれを当てはめれば正解なのか。あるいはそもそも聖書をそのように読んでよいのか。一七世紀後半に自然誌や歴史の問題をあつかった人々は多かれ少なかれこうした問題に直面しなければならなかった。

次章では人類史と聖書解釈、さらに自然の歴史の問題についてオランダで思索したユダヤ人哲学者をとりあげよう。この人物が地球論の系譜に登場する機会はほとんどないが、本書の物語では不可欠な役割を果たすのが理解できるだろう。

（44）S・J・グールド「ティティオポリスの名義司教」『ニワトリの歯：進化論の新地平』渡辺政隆・三中信宏訳（早川書房、一九八八年）、上巻八九―一〇二頁：九五頁；Gordon L. Herries Davies, "A Science Received Its Character," in *Two Centuries of Earth Science 1650-1850*, ed. Gordon L. Herries Davies & A. R. Orme（Los Angeles: University of California, 1989）, 1-28.

（45）Rossi（1984）, 16; Hooke, *Posthumous Works*, 396-397.

第七章　スピノザとステノ――聖書の歴史と地球の歴史

地理的な地平の拡大と天文学における変革をへて、一七世紀半ばのヨーロッパでは「宇宙生成論《コスモゴニー》」が新科学の目によって眺められるようになる。そこで再浮上してきたのが聖書、なかでも『創世記』で描かれた天地創造の理解だった。ジオコスモスの探究は、まさに宇宙生成論と聖書解釈の錯綜する場でもあった。したがってデカルトから影響をうけながらも、彼とは明瞭に異なる地平を開拓したステノとスピノザの議論をこうした視点から分析するのは、重要な意味をもつだろう。本章では両者の関係をあとづけつつ、著作の比較をとおして彼らの直面していた問題に光をあてたい。

1　聖書解釈の問題

自然学や地理学の書物を残さなかったバルーフ・デ・スピノザをジオコスモス観の歴史に登場させる理由はなんだろうか(1)（図1）。それはガリレオの断罪を耳にしたデカルトが慎重に避けた聖書解釈の問題が、一

図 1. スピノザの肖像――スピノザ『遺稿集』より

七世紀後半にどのような状況にあったのかを再考するためである。神的な創造説を脱却した自然科学は徹底的な現世主義をとり、近代における現世肯定の態度をいっそう進めたともいわれる(2)。このような視座から近代科学をみれば、神による天地創造を記述した『創世記』にかわって、宇宙と人間の起源を自然のなかだけに探求する方法が問題になるのは明白に違いない。しかし聖書解釈と自然探求を分離するという考え自体が、両者の交錯する状況のなかでは必ずしも自明でなかった。

古代末期の教父アウグスティヌスの著作にみられるように、聖書解釈学は世界を理解するための材料を提供してきた。それは宇宙の創始を物語った『創世記』からはじまる聖なる歴史を編纂するさいにも不可欠となる。すべての自然物の存在意義と人間の歴史が、そこから証明され了解されなければならなかった(3)。デカルトも遍歴の時代にアウグスティヌスの『創世記注解』を知り、晩年にいたるまで宇宙の創始と『創世記』の記述の対応に関心をもちつづけた。一七世紀における主要な知的展開のひとつが、彼にみるような懐疑主義の克服から導かれた新科学の形成だとすると、もうひとつは聖書への歴史的かつ批判的なアプローチが神

(1) スピノザの生涯についてはJ・フロイデンタール『スピノザの生涯』工藤喜作訳(哲書房、一九八二年);Margaret Gullan-Whur, *Within Reason: A Life of Spinoza* (New York: St. Martin's Press, 1998); S・ナドラー『スピノザ:ある哲学者の人生』(人文書館、二〇一二年)を参照。
(2) 速水敬二『ルネサンス期の哲学』(筑摩書房、一九六七年)、二六七頁。
(3) K・リーゼンフーバー「歴史哲学と歴史理解」『思想』第六六七号(一九八〇年)、五七—七七頁;岡崎勝世『聖書vs.世界史:キリスト教的歴史観とは何か』(講談社、一九九六年)。

学にもたらした影響だろう[4]。

スピノザは独自の哲学体系の構築者として知られているが、自然の探求にも大きな関心をもっていた。本章ではこうした観点から、彼の仕事を考察していきたい[5]。とりわけステノとの関係を考慮すれば、地球論と聖書解釈の結びつきを分析する道が開けるだろう[6]。

たとえばスピノザの『デカルトの哲学原理』*Renati Des Cartes Principiorum philosophiae*（アムステルダム、一六六三年）は、第二部の自然学までで終えている（図2）。第三部以降の宇宙と地球の生成論については、「天文学者たちがするように、天の現象を証明するのに十分な原因を求めるだけでなく、地球における事物（というのも地球上で起こるのを観察できるすべては自然現象とみなすべきだから）の認識へも導いてくれる原因を求める」と要約しているだけだ[7]。しかし本章でみるように、スピノザとステノに共通する課題の出発点がここに示唆されている。

スピノザは一六三二年に、イベリア半島からアムステルダムに移住したユダヤ商家に生まれた。三九年ご

（4）Richard H. Popkin, "Cartesianism and Biblical Criticism," in *Problems of Cartesianism*, ed. Thomas M. Lennon et al.（Toronto: McGill-Queen's University Press, 1982), 61-81.

（5）聖書解釈をふくむより広い文脈では Wiep van Bunge, *From Stevin to Spinoza: An Essay on Philosophy in the Seventeenth-Century Dutch Republic*（Leiden: Brill, 2001）を参照。

（6）Wim Klever, "Steno's Statements on Spinoza and Spinozism," *Studia Spinozana* 6（1990), 303-313 も参照。

（7）スピノザ『デカルトの哲学原理』第三部、畠中尚志訳（岩波文庫、一九五九年）、一五一頁。

RENATI DES CARTES

PRINCIPIORUM

PHILOSOPHIÆ

Pars I, & II,

More Geometrico demonſtratæ

PER

BENEDICTUM de SPINOZA *Amſtelodamenſem.*

Acceſſerunt Ejuſdem

COGITATA METAPHYSICA,

In quibus difficiliores, quæ tam in parte Metaphyſices generali, quàm ſpeciali occurrunt, quæſtiones breviter explicantur.

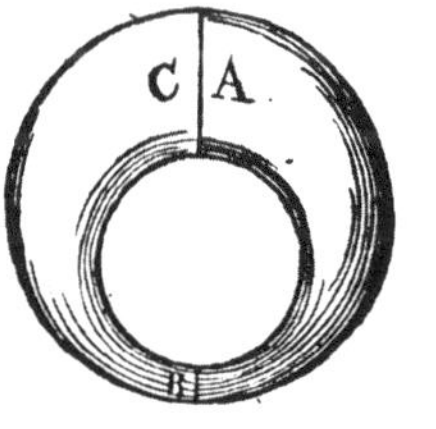

AMSTELODAMI,

Apud JOHANNEM RIEWERTS, *in vico vulgò dicto*, de Dirk van Aſſen-ſteeg, *ſub ſigno Martyrologii.* 1663.

図 2．スピノザ『デカルトの哲学原理』の扉

ろからユダヤ人学校で学び、おそらくメナッセ・ベン・イスラエル（Menasseh ben Israel, ?-1657）やモルテラ（Saul Levi Mortera, 1596-1660）のような指導者たちの教えに触れた(8)。「天性聡明な精神と鋭敏な知性を備えていた」という彼は、ヘブライ語や聖書、タルムードやカバラ書を学び、優秀さはアムステルダムのユダヤ人社会から将来を嘱望《しょくぼう》されるほどだった。「聖書とラビの広大な文献のなかにスピノザの教養の基礎があると認識しなければならない」といわれるように、彼の旧約聖書学は年季の入ったもので、その利点も欠点も知りつくしていたと推測される(9)。

それほど知的な青年が、ルネサンス以降の新しい思潮に無関心でいられるはずがなかった。日常の読書はスペイン語の書物が多かったようだが、ラテン語の教師で「迷えるイエズス会士」と異名をとるファン・デン・エンデン（Franciscus Van den Enden, c. 1600-1674）の指導のもとに、デカルトをふくむ初期近代の多くの文献に接した。五六年に破門されてユダヤ人社会から切り離されて以降は、キリスト教徒の宗派、とくに親交のあったコレギアント派の人々と行動をともにするようになる。再洗礼派とも関係のあったこの一派は硬直した教会組織と教条を嫌い、聖書の言葉を自由に解釈する態度を容認して出自を問わずに仲間に入れたのである。スピノザに直接的な影響を与えたとみられる人物のなかに、アムステルダムのコレギアント派の指導者ボレール（Adam Boreel, 1603-1667）もいた(10)。

2　スピノザとステノの邂逅

六一年にスピノザはライデン近郊のコレギアント派の根拠地レインスブルフに転居し、そこに六三年まで住む。夏には王立協会のオルデンブルクの訪問を受け、書簡をとおしてボイルとも論争した。またこの時期すでに、一般に『短論文』と呼ばれる『神、人間、人間の幸福についての短論文』*Korte verhandeling van God, de mensch en deszelfs welstand* を執筆して『エチカ』*Ethica* の構想を練っていた。さらに『知性改善論』*De intellectus emendatione* とみられる論考を仕上げていた[11]。神学部の学生カセアリウス（Johannes Casearius, 1642-1677）と同居もしたようで、彼のために六二年におこなった講義を『デカルトの哲学原理』として翌

（8）J・コレルス「スピノザの生涯」『スピノザの生涯と精神』渡辺義雄訳（学樹書院、一九九六年）、九三―一五六頁。

（9）フロイデンタール（一九八二年）、三六頁。聖書解釈史との関係は、手島勲矢『ユダヤの聖書解釈：スピノザと歴史批判の転回』（岩波書店、二〇〇九年）、一〇七―一二九頁を参照。

（10）フロイデンタール（一九八二年）、八三―八八頁。また Richard H. Popkin, "Some New Light on the Roots of Spinoza's Science of Bible Study," in *Spinoza and the Sciences*, ed. Marjorie Grene & Debra Nails (Dordrecht: Reidel, 1986), 171-188: 177; 吉本秀之「ボイルとスピノザ」『スピノザーナ』第三号（二〇〇二年）、一三―四五頁：三五―四一頁も参照。

（11）一六六二年四月付と考えられるオルデンブルク宛書簡。スピノザ『書簡集』第六書簡、畠中尚志訳（岩波書店、一九五八年）、四一頁。これらの著作は彼の生前には出版されなかった。

年末に出版した[12]。

ステノは留学先のライデン大学で解剖学や医学の研究を進めていたが、六二年にスピノザを訪ねている。カセアリウスの例が示すように、スピノザの知人のなかにはライデン大学の学生たちがいた。彼らはおそらく医学教授デ・ラーイ（Johannes de Raey, 1622-1707）の講義などに触発されて、デカルトの哲学について教えを請うために集まっていたようだ。そこにステノもいた。彼は書簡で「オランダではデカルトの哲学にすっかり熱中した友人たちをもっていた」と述べ、このサークルとの近しさを示唆している[13]。

スピノザが大論争をひきおこす問題作『神学・政治論』を出版すると、ステノは彼との対決姿勢を鮮明にする。しかしそれ以前は親しく接していたようだ。一六七一年に書かれた「新哲学の改革者に宛てた真の哲学についての書簡」には、つぎのような言葉がある——「かつて私ときわめて親しかったし、いまも疎遠ではないと思うお方（私は以前の交際の追憶がいまなお相互の友愛を保持させていると信じています）[14]」。また彼の解剖学書や『プロドロムス』がスピノザの蔵書のなかにあるが、ステノの献本である可能性が高い[15]。

『エチカ』の冒頭にある自己原因論と有名な「神即自然」の考えは、すでに『短論文』にあらわれており、ステノはおそらくこれを読んでいた。『デカルトの哲学原理』も手にしていたと考えるのが自然で、彼はすぐれた解説者スピノザがデカルトの哲学を改革し、独自の教えを確立する場面に立ち会っていたのだ。しかし心臓研究での発見にくわえ、六二年に出版されたデカルトの『人間論』から刺激をうけて、ステノはふたたび解剖学に専心する。そこでデカルトの誤りを見出したため、その主張から距離をおくと明言するようになる。この知的な変遷には、ライデン大学のさまざまな教師陣や友人たちとともに、スピノザが重要な位置を占めていた可能性を否定できない。また後者は、脳の研究でもステノがデカルトを批判したのを知っていただろう。少なくとも『エチカ』における心身の相互作用についての議論には、当時の解剖学的な知見が背景にあったはずなのだ[16]。

ステノはこの後フランスを旅してから、六六年の初頭にフィレンツェの人となった。彼がふたたびオランダに姿をあらわすのは六九年末で、名のある解剖学者と同時に熱心なカトリック教徒としてであった。

3 『プロドロムス』と『神学・政治論』

ステノの『プロドロムス』第四部は、地形や世俗の歴史、古代人たちの説話、自然誌から六段階の構造変化をともなう地球の歴史を提示した。これは近代的な手法と評価される一方で、自然と聖書の調和にもとづ

(12) スピノザの教師としての役割については William L. Rabenort, *Spinoza as Educator* (New York: AMS, 1972) を参照。

(13) *EP*, I: 248-250. Cf. Pina Totaro, "'Ho certi amici in Ollandia': Stensen and Spinoza: Science verso [sic] Faith," in *Niccolò Stenone (1638-1686): anatomista, geologo, vescovo*, ed. Karen Ascani et al. (Roma: L'Erma di Bretschneider, 2002), 27-38.

(14) 『書簡集』第六七書簡二、三〇四頁。

(15) Stanislaw von Dunin-Borkowski, "Spinoza und Niels Stensen," *Spinozana* 3 (1935), 162-182, 378-382: 171.

(16) Adolf Faller, "Niels Stensen und der Cartesianismus," in Scherz (1958), 140-166: Gullan-Whur (1998), 239.

く聖書年代学の枠内にあるという限界を指摘されてきた。ここでは、彼がどのように聖書と自然の対応を説明したかふりかえっておこう。彼は地球史の記述がひきおこす困難を懸念して、つぎのように述べている――

新奇さのため私の試みに人々が危惧をいだかないように、地球の個々の局面について生じるだろうおもな難問を概観して自然と聖書の一致を簡潔に説明しておこう。(17)

こうして六段階について聖書の記述と自然の観察の照合がおこなわれる。第一の段階では、すべてが水に覆われていたという点で聖書と自然も一致するが、開始の時点と継続期間は聖書だけが語っている。第二の段階も同様に、期間については聖書が語り、自然の諸現象はそれを裏づける。崩落の起こった第三の段階とノアの大洪水の時期に相当する第四の段階からは原文を引用しておこう。第三段階はつぎのように導入される――

起伏のできた地球の第三の局面については、いつはじまったのか、聖書も自然も明確にしていない。大きな起伏のあったのを自然が立証している一方で、聖書は洪水のときの山地に言及している。(18)

つづく第四段階では、世俗の歴史についての記述との整合性も言及される――

すべてが海だった第四の局面のときは、いっそう面倒が起こりそうにみえるが、実際にはそこに難問などない［…］。海の高さがどれくらいであったか、聖書が明確にしているのを自然は否定していない［…］。世界的な大洪水の時期については聖なる歴史が一部始終を述べたてており、世俗の歴史と矛盾はしない。(19)

このようにステノは、各段階の期間について聖書年代学の枠組みを踏襲している。「固体のなかの固体」という彼の地球史を再構成するための原理は、物体のできる順序は判定できても、継続する期間の長さは計算できない。したがって六段階という区分はむしろキリスト教的な普遍史を反映した英国人バーネットの考えと同じ性格をもつともいえよう。(20)

一方のスピノザは六五年から執筆していた『神学・政治論』*Tractatus theologico-politicus*（アムステルダム、

(17) ステノ『プロドロムス』第四部、一三七頁。
(18)『プロドロムス』第四部、一三八頁。
(19)『プロドロムス』第四部、一三九―一四〇頁。
(20) グールド（一九九〇年）、三九―八七頁。初期近代における普遍史と歴史記述についての詳細は Adalbert Klempt, *Die Säkularisierung der universalhistorischen Auffassung : Zum Wandel des Geschichtgedankens im 16. und 17. Jahrhundert*（Göttingen: Musterschmidt, 1960）［A・クレンプト『普遍史の世俗化：ルターからライプニッツまで』（勁草書房BH叢書、近刊予定）］を参照。

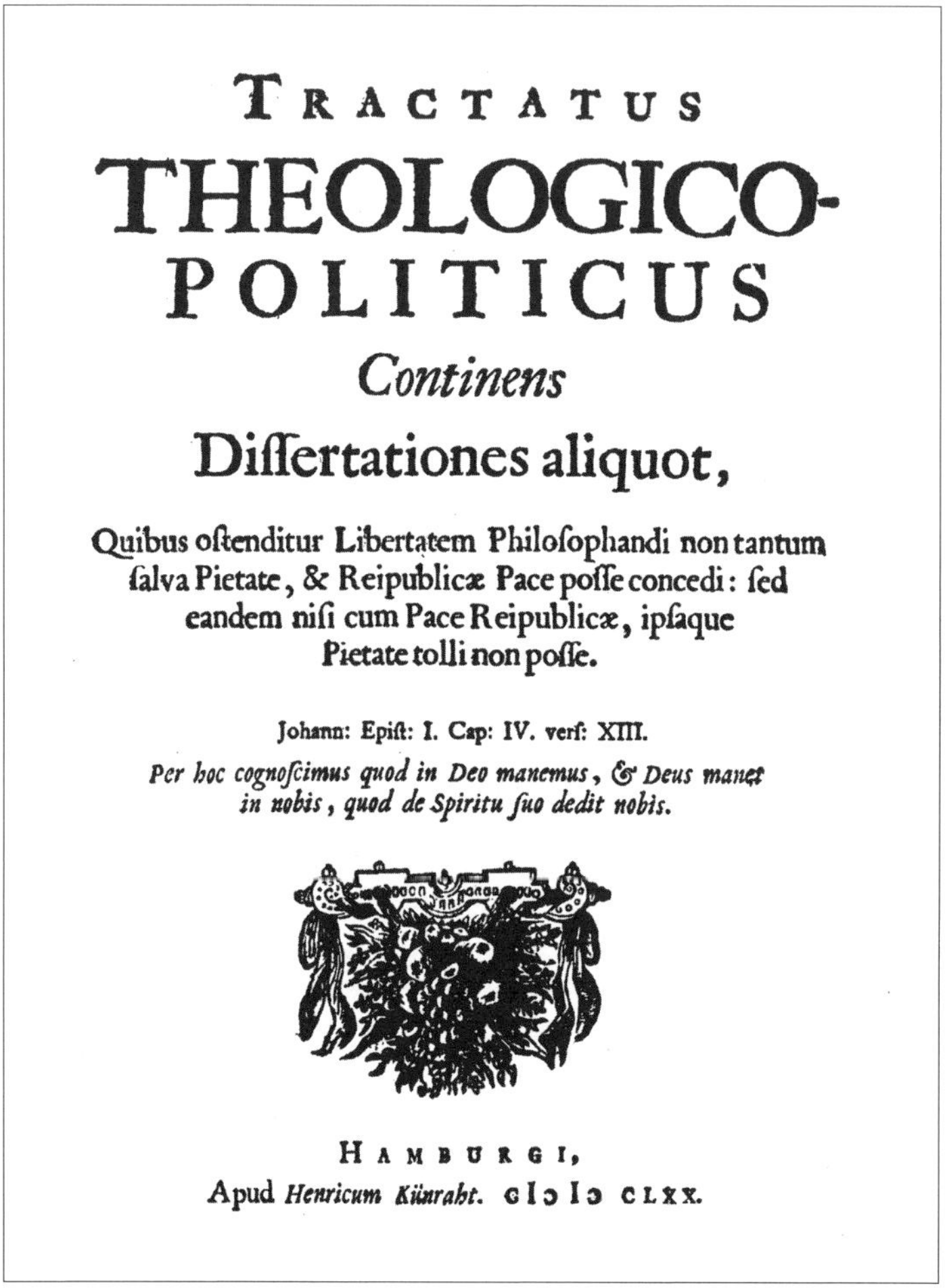

TRACTATUS
THEOLOGICO-
POLITICUS
Continens
Diſſertationes aliquot,
Quibus oſtenditur Libertatem Philoſophandi non tantum ſalva Pietate, & Reipublicæ Pace poſſe concedi: ſed eandem niſi cum Pace Reipublicæ, ipſaque Pietate tolli non poſſe.

Johann: Epiſt: I. Cap: IV. verſ: XIII.

Per hoc cognoſcimus quod in Deo manemus, & Deus manet in nobis, quod de Spiritu ſuo dedit nobis.

HAMBURGI,
Apud *Henricum Künraht.* CIↃ IↃ CLXX.

図 3. スピノザ『神学・政治論』の扉

一六七〇年）をハンブルクにあるという架空の出版社から匿名で公刊したが、すぐに彼の手になるとわかり物議をかもす（図3）。前出のステノによる「真の哲学についての書簡」もこれを論駁するために書かれた。スピノザの書簡によれば、『神学・政治論』の目的は哲学の妨げとなる神学者たちの偏見を摘発し、自分を無神論者だとみなす見解を排撃する点にあった。そして哲学する自由および見解を述べる自由を擁護し、結果として「信仰を哲学から切り離す」のが目標とされた(21)。

スピノザは、信仰と哲学に抜きさしならない意味をもつ聖書を、ある人が別の人にたいして同じ言語で記した物語の集成と理解した。これは聖書がじかに神の言葉を書きとめたものではないという主張をふくんでいる。また一方で、「神の永遠なる知恵」を獲得するための「すべての人類に共通する普遍的な宗教」へいたる道として信仰を再定義するものだった(22)。いいかえれば、哲学の言語を神学的な表現から遠ざけて、哲学を神学から完全に分離することだ。

スピノザの企図した方法、すなわち聖書のテクスト批判にもとづく成立史としての読解についてもう少し立ちいっておこう。すでに英国の哲学者ホッブズ（Thomas Hobbes, 1588-1679）は聖書の記述の解釈から、「モーセ五書」がモーセ自身によって書かれたのではないと公言していた(23)。またフランス人ユグノーの著述

---

(21) オルデンブルク宛書簡、『書簡集』第三〇書簡、一六六五―一六六六頁；スピノザ『神学・政治論』第一四章、吉田量彦訳（光文社、二〇一四年）、下巻一〇七頁。
(22) 『書簡集』第七三書簡、三三六頁；『神学・政治論』第一二章、下巻七六頁。
(23) ホッブズ『リヴァイアサン』水田洋訳（岩波書店、一九八二年）、第三巻三七頁。

家ラ・ペイレール（Isaac La Peyrère, 1596-1676）は、中国などの古代からつづく文明圏の史料や新世界における人類の存在を根拠に『アダム以前の人間』*Praeadamitae*（アムステルダム、一六五五年）を匿名で刊行する。(24)

このような流れのなかでスピノザは、聖書のテクスト自体から獲得できる事実、あるいは聖書学の基礎だけから正しい推論によって帰結される事柄だけに依拠して聖書を理解するべきだとくり返している。(25) これらの言明は聖書の字句を忠実に読みとるという意味にとれるが、実際はもっと複雑な手続きと判断を必要とした。言語の問題を第一として、聖書の内容が古代ヘブライ語で記録・編纂されたとき、誰がいつどこで、どのような人々にむかって、なんのためにおこなったのか確定する「考古学的」な手続きが必要とされたのだ。そのさいスピノザは、人間はそれぞれの理解力に応じて事物を見聞するので先入見なしには物語ることはできないと指摘し、つぎのように述べる――

同一の出来事が、考え方の異なる二人の人間に語られると別々の出来事にしかみえないほど違ったものになる。さらにいえば、記述を読むだけで記録した人や語り手の考え方がわりと簡単にわかってしまう場合も珍しくない。こうした事実を裏づけるために、年代記作者たちの例とともに「自然の記述」historia naturae を著した哲学者たちの例を数多く付言できよう。(26)

この文脈から『神学・政治論』の第七章「聖書を解釈する方法は自然を解釈する方法と一致する」という

言明にみられる態度に注目しておこう。ここでスピノザは、「自然の記述」から自然を探究するように聖書の解釈をおこなうべきだと主張している。聖書を解釈する真の方法について彼は述べる――

私がいいたいのは、聖書を解釈する方法は自然を解釈する方法とまったく違わず、両者は完全に一致するという点だ。なぜなら自然を解釈する方法は、「自然の記述」historia naturae を正しく配置し、そこからたしかなデータをもとに自然の諸事物についての定義を導く。それと同様に、聖書を解釈するには聖書の真正な記述を整備して、いわばたしかなデータや原理をもとに聖書の著者たちの意図を正当な推論によって導く作業が欠かせないからだ。(27)

注目したいのは、たしかなデータとすべき記述そのものにも記述した者の見解が反映されるとスピノザが認識していた点だ。自然の記述から解釈に進むには、運動と静止の法則といった自然界に共通する普遍的な

(24) リシャール・シモン(Richard Simon, 1638-1712)らの当時の聖書解釈の動向は、アザール(一九七三年); Richard H. Popkin, *Isaac Peyrère (1596-1676): His Life, Work and Influence* (Leiden: Brill, 1987) を参照。またグラフトン(二〇一五年)、第一章と第八章も参照。

(25) たとえば『神学・政治論』第八章、上巻三七八頁を参照。

(26) 『神学・政治論』第六章、上巻二八六頁。

(27) 『神学・政治論』第七章、上巻三〇四頁。

原理を探究し、それから特殊な現象へと移っていく。同様に聖書の記述から解釈に進むには、万能な唯一神の存在といった普遍的な教えから特殊なものへ移行する。しかし当然この作業も、最初の記述によって限定されるとスピノザは考えた。

こうした研究法の提示と実践によってスピノザは「科学的な聖書解釈学の創始者」と呼ばれるが、彼の方法が「歴史的なテクスト一般の研究へと実り豊かに拡大されうる」ことを示したという指摘は、上に述べた文脈で理解される必要がある。なるほど当時の聖書年代学や歴史学の水準からみて、彼の方法は突出していたわけではない[28]。また彼は自然の研究との共通性を強調しているが、自身の手法を自然の探究から導いたわけでもない。上記の方法を字義どおりにうけとれば、自然の記述である自然誌を「自然の歴史」として読みとく態度を示唆しているともみえる。だがスピノザがそうした研究に着手した痕跡はない。それにもかかわらずステノの存在を考慮すると、彼の試みは歴史科学と自然の探究との関係において無視できないものとなる。

4　聖書と地球についての歴史学

スピノザの議論は、聖書から解放された、あるいは聖書をも人為的なテクストとみなす歴史学的な方法の出現を意味する[29]。しかしデカルトの『哲学原理』の解説を自然学でとどめた彼は、ステノが試みた「地球の歴史」を記述する原理の探求にはいたらなかった[30]。ここで両者の方法の類似と差異を検討しておこう。

ステノによる発掘物の研究は、第一にそれらが特定の場所で「固体のなかの固体」として生成する自然物だと再解釈することにあった。第二に、このような生成のメカニズムの解明から発掘物を分類する新たな体系がつくられ、生物起源の化石の存在が明示された。そして第三に、基本的にふたつの物体があったとき、相互の包み包まれる関係がわかれば形成の時間的な順序が判明する。自然誌の対象として蒐集された事物のうち固体として定着されたそれぞれが生成の時系列に位置づけられ、意義づけの仕方によっては時代区分さえも可能となる。いいかえれば、自然も歴史をもつのだ。実際にステノはこの方法で鉱物や地層の形成を説明し、地形の生成を段階づけた。

一方のスピノザによる聖書読解の方法、いいかえると言葉の重層関係をひき剥がして堆積の順序を分析する方法はどうだろうか。『神学・政治論』の第七章には、つぎのような手順が示されている。[31] 第一に、古代

(28) David Savan, "Spinoza: Scientist and Theorist of Scientific Method," in Grene & Nails (1986), 95-123: 97; Richard H. Popkin, "Spinoza and Bible Scholarship," in *The Books of Nature and Scripture: Recent Essays on Natural Philosophy, Theology, and Biblical Criticism in the Netherlands of Spinoza's Time and the British Isles of Newton's Time*, ed. James E. Force & Richard H. Popkin (Dordrecht: Kluwer, 1994), 1-20: 17.

(29) 工藤喜作「スピノザと自然：ヘルダーと関連して」『思想』第六三七号（一九七七年）、二〇—三〇頁：二二—二三頁。

(30) Jens Morten Hansen, "On the Origin of Natural History: Steno's Modern, but Forgotten Philosophy of Science," in Rosenberg (2009), 159-178 : 168.

(31) 『神学・政治論』第七章、上巻二〇八—二一四頁。

ヘブライ語という言語の特性と歴史が調査され、聖書のテクストがとりうる意味が把握される。第二に、テクストのなかの諸命題を主題ごとに分類し、意味を文の前後関係から確定する。この過程でテクストのあいだの重層関係が浮上する。そして第三に、テクストにまつわる諸事情が点検される。各部の著者はどのような人物で、どのような読み方をされたのか、テクストはどのように変形されて継承され現在のものになったのか、こうした社会的な条件が勘案される。以上を総合することでテクストの文献学的な成立史が描きだされる。聖書も歴史をもつのだ。

実際にスピノザは『神学・政治論』の第八章で、「モーセ五書」についての中世ユダヤの注釈家イブン・エズラ（Abraham ibn Ezra, c. 1092–c. 1167）の仮説にくわえて、モーセという名前があらわれる文法上の位置や関連する地名、物語の内容、引用されている他の著作などから、モーセに帰されるテクストは後世の「モーセ五書」の筆者たちによって挿入されたものだとする。この方法はほかの諸巻にも適用され、第九章では年代学的な検討もされる。

ステノとスピノザの方法はよく似ている。それは形式的な類似ではなく、歴史にたいする合理的な態度、すなわち現在われわれの眼前で成立している原理が過去にも通用するという前提で思考する点を共有している。歴史家はこれを「現在主義」actualism と呼ぶ(32)。過去の出来事は目にみえない。しかし自然物の性質や残されている記録・伝承から、正当な推論によって一定の信頼度で過去の出来事を復元できる。こうした歴史科学の前提を両者は意識していたと考えられる。

ステノは、自然現象の系列にある各事象を聖書の記述や世俗の歴史書と照合していた。この行為はふたつの点で注目に値する。ひとつは、聖書も通常の歴史書や古代ローマの詩人オウィディウス（Ovidius, 43 BC–17AD）の『変身物語』*Metamorphoses* のような説話の一種とみなせると示唆する点であり、自然神話学の源泉としてのあつかいを意味する。この点において彼はスピノザに近づく。というよりも、むしろスピノザの態度がステノをふくむ同時代人たちの古典にたいする人文主義的な態度を背景としていたとする方が実状にあうだろう(33)。

もちろんスピノザの解釈学には、上述のイブン・エズラのような注釈家たちの伝統が背景にあるのを看過するわけにはいかない。しかし「歴史学の革命」とも呼ばれる古典を解釈する態度の大きな変化は、自然を解釈する態度のそれと呼応していたと考えた方がよいだろう(34)。さらに非キリスト教的な文明社会の発見とそこにおける文字や言語、宗教の考察が、神から与えられた言語と神意のつながりというキリスト教的な確信を揺るがせていた事情も想起される。実際スピノザは『神学・政治論』で中国や日本における事例に言及し

（32） Reijer Hooykaas, *Natural Law and Divine Miracle: A Historical-Critical Study of the Principle of Uniformity in Geology, Biology and Theology* (Leiden: Brill, 1959), 1–32, 231.

（33） Oldroyd（1996）, 67; Barbara J. Shapiro, "History and Natural History in Sixteenth- and Seventeenth-Century England," in *English Scientific Virtuosi in the 16th and 17th Centuries*, ed. Barbara Shapiro & Robert G. Frank Jr. (Los Angeles: Clark Memorial Library, 1979), 1–55.

（34） グラフトン（二〇一五年）、一〇頁。Erik Jorink & Dirk van Miert (eds.), *Isaac Vossius (1618–1689) Between Science and Scholarship* (Leiden: Brill, 2012) も参照。

ている。(35)

このような類似点の一方でもうひとつ見落とせないのは、ステノが聖書の真理を自然との照合において称揚しようとした点だ。彼は聖書と自然の一致を信仰に役立つと称賛していた。これはスピノザが口をきわめて指弾した態度だ。後者によれば、「聖書の権威を数学的な証明によって示そうとする者たちはまったく道を誤っている」のであり、あくまで「聖書そのものに裏づけられることか、または聖書から正当な推論によって直接ひきだせる事柄にかぎるべき」なのだ。(36)

これらの言葉はもちろんステノにむけられたものではない。しかしアムステルダムの友人宛の書簡にも言及があるように、カトリック教徒たちもふくめて聖書の解釈における牽強付会やこじつけといった一般的な偏向を指摘したものとして、彼の態度にも当てはまる。(37)

スピノザは一貫して聖書の記述に真理を求める行為を拒否した。彼の考える聖書の神聖性はまったく別のところにあったのだ。(38) この見解の相違からステノをふくむ多くの論者による神学的・宗教的な論難がはじまる。とくにデカルト主義者たちによる攻撃が目立った。(39) ここで歴史をあつかう学問という観点から留意したいのは、スピノザの批判がどこまでおよぶのかという点だ。彼は『神学・政治論』の第一五章であらためて述べる――

聖書全般についていえば、すでに第七章で示したように、聖書の意味はもっぱら聖書の記述から決定されるべきであって、「自然の普遍的な記述」universali historia naturae から決定されるべきではない。後者にもとづくのは哲学だけだからだ[40]。

これは神学という聖書研究と哲学という自然研究の分離を主張していると読める言葉だ。ところで、スピノザの方法は聖書にとどまらず歴史的なテクスト一般に当てはまるはずだが、彼の批判はこうしたテクストの使用にもおよばないのだろうか。たとえばステノが自然の歴史を再構成するさいに採用した世俗の歴史書や聖書のあつかいは、どの場合に妥当でどの場合には妥当でないのか、あるいはまったくナンセンスなのか。

さらにいえば自然誌という記述であっても、それを記したのが人間である以上はスピノザの批判は適用されるだろう。つまり自然の探究が人間の言葉で記されるかぎり、歴史学的な批判からはまぬがれないのだ。皮肉なことに、スピノザ自身の「幾何学的な方法」によって構築された体系それ自体も、この批判にさらされるだろう[41]。

(35)『神学・政治論』第三章、上巻一八五―一八六、二四〇頁や第一六章、下巻一八二頁。
(36)『神学・政治論』第一五章、下巻一四〇頁と第八章、上巻三七八頁。
(37)『書簡集』第七六書簡、三三三―三四〇頁。
(38)聖書の神聖性については、上野修「スピノザの聖書解釈：神学と哲学の分離と一致」『デカルト、ホッブズ、スピノザ：哲学する十七世紀』（講談社、二〇一一年）、一〇三―一二二頁を参照。
(39)フロイデンタール（一九八二年）、第九―一〇章参照。
(40)『神学・政治論』第一五章、下巻一三八頁。

知的環境を共有しつつも立場を異にする二人による『プロドロムス』と『神学・政治論』はまったく違う主題をあつかう書物だが、歴史的に事物をみるという点で共通する。しかし同時に、聖書にたいする態度において、ひいては「記述《ヒストリア》」にたいする批判性において明確な相異があると確認できる。

興味深いことに、ステノが描出した自然の歴史は世界の外側におかれた創造神からの視点に依拠する[42]。一方のスピノザは聖書の歴史を明確化しようとし、神を自然の内側におく体系を提唱した。またステノは地球論の系譜に画期的な一歩をしるしたが、スピノザは科学的な聖書解釈学を基礎づけただけではなく、人間による歴史という物語の叙述それ自体の批判者となる。「この新しい形而上学（復活されたギリシアの自然主義）こそが、スピノザの偉大な貢献」だったともいわれる[43]。そして二人の試みは、啓蒙期をへて「自然史」として確立されていくだろう。

スピノザは一六七五年に『エチカ』を完成させるが、前年に『神学・政治論』が禁書となっており、出版の可能性がないと悟る。ステノは同年カトリックの司祭となり、科学的な研究から遠ざかる。上述した「真の哲学についての書簡」を彼が出版したのはこの年だった。そしてスピノザの没後数年たってから出版した『弁明書』*Defensio*（ハノーファー、一六八〇年）でも、執拗にデカルト主義の成功と危険性を議論している。とくにスピノザと追随者たちによる解釈は「改革」reformatio ではなく「歪曲」deformatio だと論難した[44]。晩年のスピノザを七六年に訪れたのが、パリからハノーファーにむかう道中のライプニッツだった。同じ君主に呼ばれて彼はハノーファーでステノとも出会う。次章ではライプニッツとステノの関係をとりあげよう。

(41) James C. Morrison, "Spinoza and History," in *The Philosophy of Baruch Spinoza*, ed. Richard Kenning (Washington DC: Catholic University of America Press, 1980), 173-195.

(42) 「創造者の視点」についてはM・ラドウィック『太古の光景』菅谷暁訳（新評論、二〇〇九年）、二二八頁。

(43) Popkin (1994), 17.

(44) Steno, *Defensio et plenior elucidatio epistrae de propria conversione* (Hannover, 1680), in *OTH*, I: 371-437. ステノが糾明のためスピノザの『エチカ』の草稿を一六七七年にバティカンに持ちこんだ件についてはLeen Spruit & Pina Totaro, *The Vatican Manuscript of Spinoza's* Ethica (Leiden: Brill, 2011) を参照。

第八章　ライプニッツと地球の起源

ドイツの哲学者ライプニッツは、すべての知識を統合する普遍学を構想して実践をともなった理論を標榜し、彼自身がひとつのアカデミーであるとさえいわれた。そのような人物が『プロトガイア』という書物で表現した地球論の背景には、なにがあったのだろうか。本章ではステノの影響とライプニッツの理論の位置づけに焦点をあて、地球史の概念が他の学問分野との関係でどのように変化したのか、啓蒙期への流れを視野に入れて考察する。

1　ライプニッツの地下世界への関心

ライプニッツは、一六四六年にザクセン地方の学都ライプツィヒの学者の家に生まれた。早熟な少年時代を過ごし、独特な知的歩みをとげた青年だった[1]（図1）。地球論についていえば、ライプツィヒやイエナ、ニュルンベルクでの修学時代、そしてフランクフルトやマインツ、パリ時代の活動をみても特別な関心は見

図 1. ライプニッツの肖像——ライプニッツ『弁神論』独語訳から

出せない。しかし初期の作品『新自然学仮説』*Hypothesis physica nova*（マインツ、一六七一年）には、キルヒャーやステノのものをふくむ同時代の著作から多くの引証がある。またパリ時代にはデカルトをじっくり研究していたので、『哲学原理』の第四部で展開される地球論も知っていたはずだ。またパリやロンドン、オランダでは世界中から流入する地理や自然誌にかかわる知見に接しただろう。

最初に仕官したマインツ選帝侯シェーンボルン（Johann Philipp von Schönborn, 1605-1673）が死去して以降、ライプニッツはパリで求職活動をしていた。結局ブラウンシュヴァイク＝リューネブルク公ヨハン・フリードリッヒ（Johann Friedrich, 1625-1680）の招請をうけ、オランダを経由して七六年一二月半ばにハノーファーに到着する。彼の職務は官廷顧問官ならびに図書館司書だった。しかし実際に手がけた仕事は多方面にわたる。教皇代理として翌年末からハノーファーの宮廷に滞在したステノと面識を得たのは、この時期だった。七八年のヨハン・フリードリッヒ公に宛てた書簡で、ライプニッツはハルツ鉱山の事業を改善する計画を提出する。[2] 排水用ポンプの動力源として水力のほかに風力をもちいる水平型の風車を導入して、生産性を向上させようとした。翌年九月にはクラウシュタールの鉱山監督局と契約が結ばれ、機械の発明の報酬までと

（1）伝記事項はE・J・エイトン『ライプニッツの普遍計画：バロックの天才の生涯』渡辺正雄他訳（工作舎、一九九〇年）；酒井潔『ライプニッツ』（清水書院、二〇〇八年）；Maria Rosa Antognazza, *Leibniz: An Intellectual Biography* (Cambridge: Cambridge University Press, 2009) を参照。テクストは下村寅太郎他編『ライプニッツ著作集』一〇巻（工作舎、一九八八―一九九九年）; Gottfried Wilhelm Leibniz, *Sämtliche Scriften und Briefe* (Berlin: Akademie, 1950-)［以下では A, I-2 のようにシリーズと巻を略記］を参照。

り決められている。増収によって、彼が夢みていた科学アカデミーを設立する資金を調達できるはずだった。しかし鉱山当局の役人や現場の技術者たちの反発にくわえ、新型風車は予想したほどの成果を出せなかったために財政支援をうち切られ、八五年四月には最終的な中止が決定されてしまった。

計画それ自体は失敗に帰したが、ライプニッツはハノーファーの郊外にあるハルツ山地を頻繁に往来した。八〇年から七年間に三一回ほど訪問して、四〇カ月も滞在したという。この期間をとおして鉱山の経営や技術のほかにさまざまな見聞を得ている。たとえば八二年の鉱業改革についての意見書では「地下の地形学」topographia subterranea の意義に言及し、八五年秋の旅行では化石や岩石標本の採集、そして洞窟の探検などもおこなった(3)。そこにはアグリコラ以来の地下世界を描写する伝統とステノに影響をうけた「自然地理学」geographia naturalis と呼ばれる新科学への関心があった(4)。

ヨハン・フリードリッヒ公の死後、弟のエルンスト・アウグスト公(Ernst August, 1629–1698)が後継者になったのを機会に、ライプニッツは主君の家史編纂を提案する。このため二年半におよぶイタリアへの史料探訪の旅が企てられた。

八七年にハノーファーを出発したライプニッツは、各地の修道院で家史にかかわる史料を調査しつつ、ミュンヘンやアウグスブルクを経由してウィーンにむかった(5)。そこで神聖ローマ帝国皇帝レオポルト一世(Leopold I, 1640–1705)に謁見して、帝国歴史学会や国立中央文書館の設立を提案している(6)。イタリアへの途上では水銀鉱山を見学し、ヴェネツィアからローマにいたった。ローマ滞在中にはナポリを訪れ、キルヒャーが探索したヴェスヴィオ火山に登った。謁見を希望していたスウェーデン女王クリスティナはすでに死去していたが、遺稿を閲覧できた。またコペルニクスの地動説にたいするカトリック教会の禁令を解除するように働きかけている。フィレンツェでステノの残した文書を調査する一方、ボローニャではマルピーギ(Marcello Malpighi, 1628-1694)と地球について議論した。こうして八九年末、最終目的地のモデナで公文書を調査して主君の家系にかかわる事実を確証する。帰路はウィーン滞在後にプラハ経由で九〇年六月に帰国した。

ライプニッツが四〇歳代の前半におこなった長い調査旅行のもつ意味は単純ではない。大義名分であった主君の家系と領邦の歴史編纂は、旅行の成果をふまえて中世編が一八世紀の初頭に刊行されたが、残りは一九世紀になってようやく日の目をみた。一方で著作に散見されるイタリアの地名と観察事項からもわかるように、彼は自然の事物や鉱山にも強い関心をいだいていた。こうして『プロトガイア』*Protogaea* を執筆す

(2) A. I-2: 195-196. 佐々木能章『ライプニッツ術』(工作舎、二〇〇二年)、二三九—二四八頁;酒井(二〇〇八年)、二〇〇—二〇八頁も参照。

(3) Ernst P. Hamm, "Knowledge from Underground: Leibniz Mines the Enlightenment," *Earth Sciences History* 16 (1997), 77-99: 82-84; エイトン(一九九〇年)、一九九頁。

(4) ライプニッツ『プロトガイア』谷本勉訳、『著作集』第一〇巻一二六—一二七頁。

(5) 以下のイタリア旅行については André Robinet, *G. W. Leibniz iter Italicum (mars 1689-mars 1690): La dynamique de la République des Lettres* (Firenze: Olschki, 1988) を参照。

(6) エイトン(一九九〇年)、二一八—二二一頁。

る材料はそろえられ、九一年を中心に著述がなされ九三年に要約が発表された(7)。

晩年のライプニッツはドイツに科学アカデミーを建設しようと奔走する。実現したのは一七〇〇年に創立されたベルリン科学協会だけだったが、ロシアの科学アカデミーについても提言した。ウィーンのアカデミー計画をみると、文学部門に歴史や地理、考古学、数学部門に測地学や地図製作法、天文学、そして自然学部門に自然誌や化学、薬学などを配置している。自然地理学は確固とした地位を与えられていなかったようだが、ベルリン科学協会についての提案では鉱物界の自然学に鉱山学と冶金学をふくめており、産業振興を視野に入れた実学的な特徴がうかがわれる(8)。

2　『プロトガイア』と原始地球

ライプニッツの地球論である『プロトガイア』は死後になってようやく刊行された（図2）。『弁神論』

（7）　エイトン（一九九〇年）、二九九頁。一六九三年の要約は "Protogaea autore GGL [Leibniz]," *Acta eruditorum* (1693), 40-42 を参照。本体の初版は Leibniz, *Protogaea, siue de prima facie telluris et antiquissimae historiae veatigis in ipsis naturae monumentis dissertatio* (Göttingen, 1749) となる。

（8）　エイトン（一九九〇年）、三六〇—三六一頁。競争相手だったベッヒャーについては Pamela Smith, *The Business of Alchemy: Science and Culture in the Holy Roman Empire* (Princeton: Princeton University Press, 1994), ch. 5 を参照。

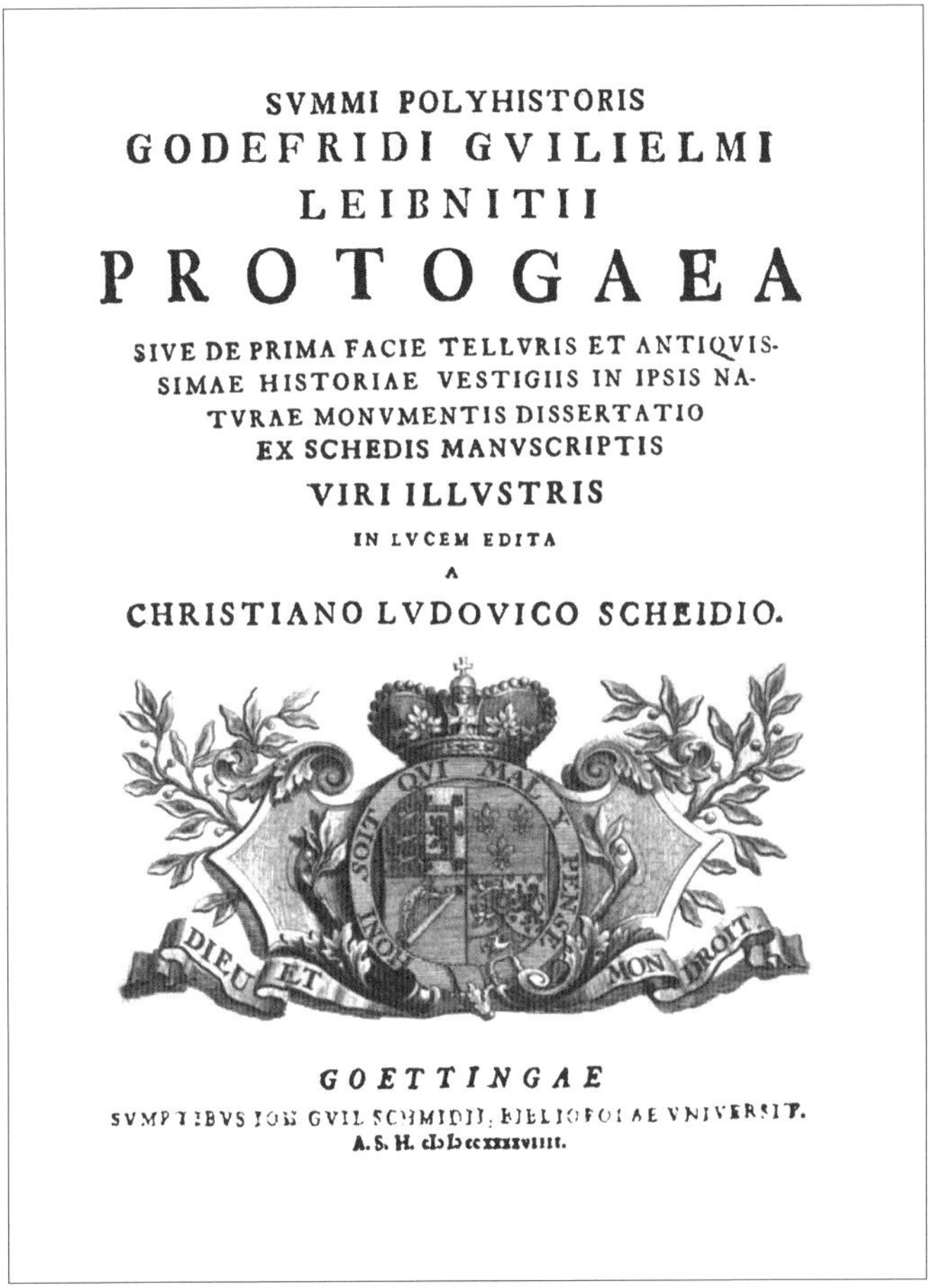

SVMMI POLYHISTORIS
GODEFRIDI GVILIELMI
LEIBNITII
PROTOGAEA
SIVE DE PRIMA FACIE TELLVRIS ET ANTIQVISSIMAE HISTORIAE VESTIGIIS IN IPSIS NATVRAE MONVMENTIS DISSERTATIO
EX SCHEDIS MANVSCRIPTIS
VIRI ILLVSTRIS
IN LVCEM EDITA
A
CHRISTIANO LVDOVICO SCHEIDIO.

GOETTINGAE
SVMPTIBVS IOH. GVIL. SCHMIDII, BIBLIOPOLAE VNIVERSIT.
A. S. H. cIↄIↄccxxxxviiii.

図 2. ライプニッツ『プロトガイア』の扉

Essais de théodicée（アムステルダム、一七一〇年）にも関連する言及はあるが、なにをさておいても『プロトガイア』の内容をみていこう。[9]

『プロトガイア』には明確な構成がないようにみえるが、四部に分けることができる。初版にある章分けを採用すると、第一部は導入と全地球的な構造の形成（第一章—第七章）、第二部は鉱物の起源（第八章—第一七章）、第三部は化石とそれに関連する主題（第一八章—第三八章）、第四部は自然の変化の痕跡（第三九章—第四八章）となる。

第一部では簡単な導入のあと、宇宙の生成が記述される。諸物の創造の第一歩は「光と闇の分離」[10]、すなわち「能動的な事物と受動的な事物の分離」であり、ついで受動的な事物が液体と固体に分離される。このように諸物の分離をとおして地球が生成する。

創成時には溶けていた地球は、徐々に冷却しさまざまな「固体のなかの固体」solida intra solidum や内部構造をつくる。そのさいにガラス性の物質と火の力が重要な役割をはたす。「すべての土や石は火の力によってガラスになる」が、この火はもともと太陽のような恒星だった大体が黒点物質で覆われたため、火の貯蔵所である地下深部に残留したものだった。[11]これは、冷却によって巨大な地下の空洞が形成され、地殻の上盤が崩落して山および海となる窪地がつくられるという考えとともに、デカルトの理論を踏襲している。岩盤の崩落のため空洞中の湿気があふれ、大洪水を起こし土砂を沈積固化させる。こうして地上の固体である岩石の起源は、「火による融解のあと再冷却した」ものと「水への溶解から再凝固した」もの、そして「流水で運ばれ堆積し地層をつくった」ものの三種類となる。[12]

原初の形成につづき、海盆や山塊など地球の骨格を形成する原因として火山や地震、海の氾濫などがあげられる。ライプニッツは「地球の幼年期」incunabula nostri orbis における変動と後代の変動とを区別している。幼年期が終わると固有名詞による具体的な説明の可能な時代に入る。たとえば第六章ではマルタ島やリューネブルク産の舌石が話題となる。舌石がサメの歯だとすると、どうしてそれら海に由来する物体が山中で発掘されるのだろうか。ここでライプニッツは、地球の重心の移動や天体の引力による海水の上昇といった考えを退けて、デカルト流の崩落モデルを支持するとともにステノの証言を援用している。

『プロトガイア』の第二部は鉱物誌で、鉱脈状の鉱石から結晶状の宝石にいたるまで記述にはハルツ鉱山での経験と化学的な知見が生かされている。特徴的なのは鉱脈の空間的な配置についての幾何学的な議論である。たとえばつぎのような文を参照しよう——

鉱脈はある種の木の葉か層のようなものであり、地下を遠くまでひろがり、平均的な厚さをもって、独特の種類の土と岩石や金属がまわりとは区別されたかたちでふくまれている。鉱脈は円錐曲線の切断面との類似によってもっともよく説明される。(13)

---

(9) ライプニッツ『弁神論』第三部第二四四—二四五節、『著作集』第七巻一三一—一五頁。
(10)『プロトガイア』第三章、一二三頁。
(11)『プロトガイア』第三章、一二四頁。
(12)『プロトガイア』第四章、一二六頁。

こうして楕円形をなす「浮遊鉱脈」venae pendentesと双曲線もしくは放物線を描く「下降鉱脈」venae cadentesが、鉱山での鉱脈の採掘との関連で記述される。これについては手稿に自筆のスケッチが残されている[14]（図3a）。

さらにライプニッツによれば、いたるところに水などの勢いによって開削された谷があり、相対する山の壁にさまざまな種類の相似した地層が出現している。具体的には、ハルツ山地で銅をふくんだ浮遊鉱脈が谷の両側で認められたという[15]。この箇所にも対応するスケッチがある（図3b）。

もともと「流体の法則にしたがって水平面にそろえられた」地層が、のちの変動で傾いたのを立体的に描写する試みといえる[16]。ただしライプニッツによれば、鉱脈の多くは「地殻が形成されたとき固結したものにひび割れの線構造がひろがって」できたものだ[17]。そうした分布を把握したうえで特定の鉱物と母岩の関係を説明している。

地下における板状の鉱脈を視覚化する試みは、ルネサンス期のアグリコラの著作などにもみられるが、表

(13)『プロトガイア』第八章、一三四頁。
(14)『著作集』第一〇巻一二八頁と一二九頁のあいだの手稿を参照。Cf. Toshihiro Yamada, "Leibniz's Unpublished Drawings in a *Protogaea* Manuscript," *JAHIGEO Newsletter* 3 (2001), 4-6.
(15)『プロトガイア』第八章、一三五頁。
(16)『プロトガイア』第八章、一三四頁。
(17)『プロトガイア』第八章、一三五頁。

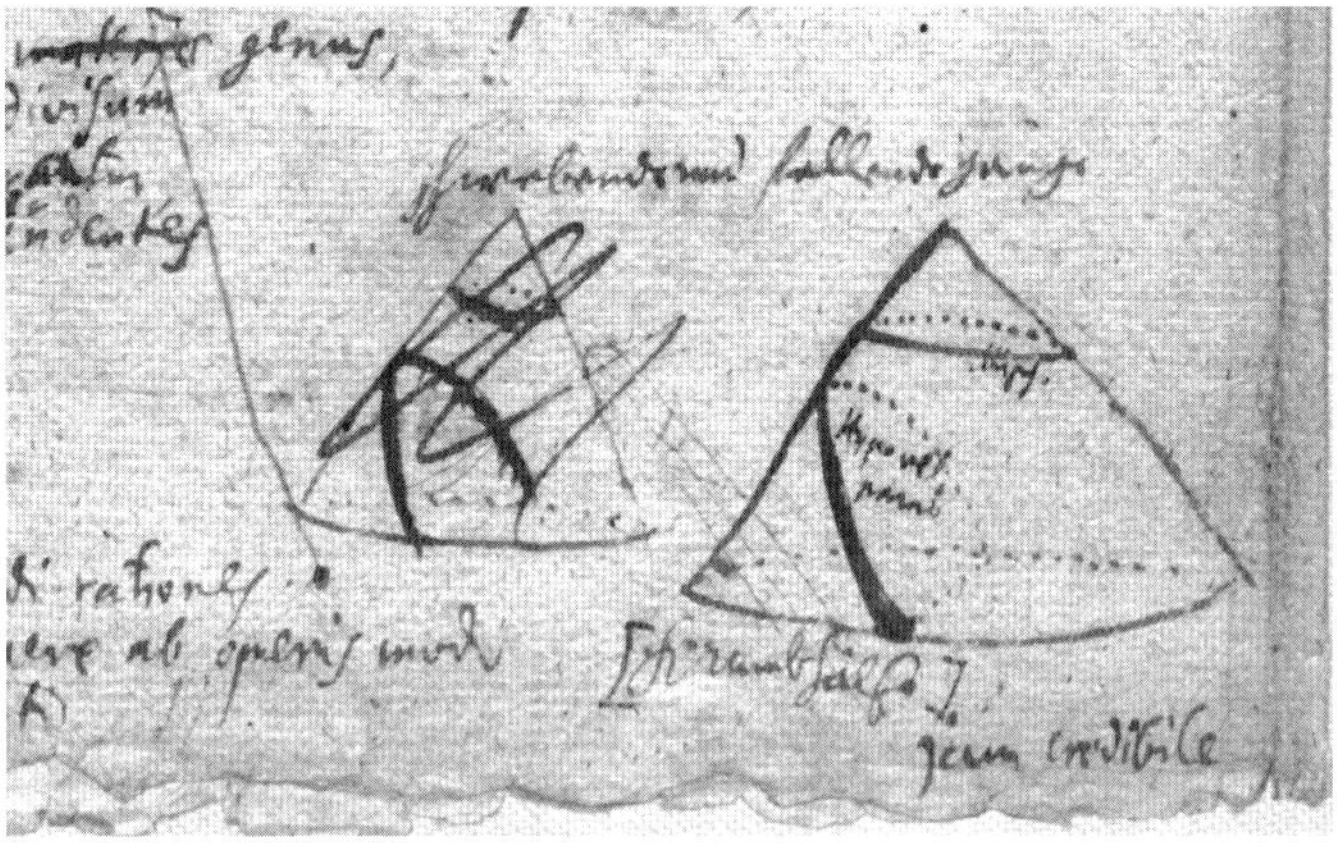

図 3a. 円錐曲線による鉱脈の分布
——ハノーファー・ライプニッツ図書館所蔵

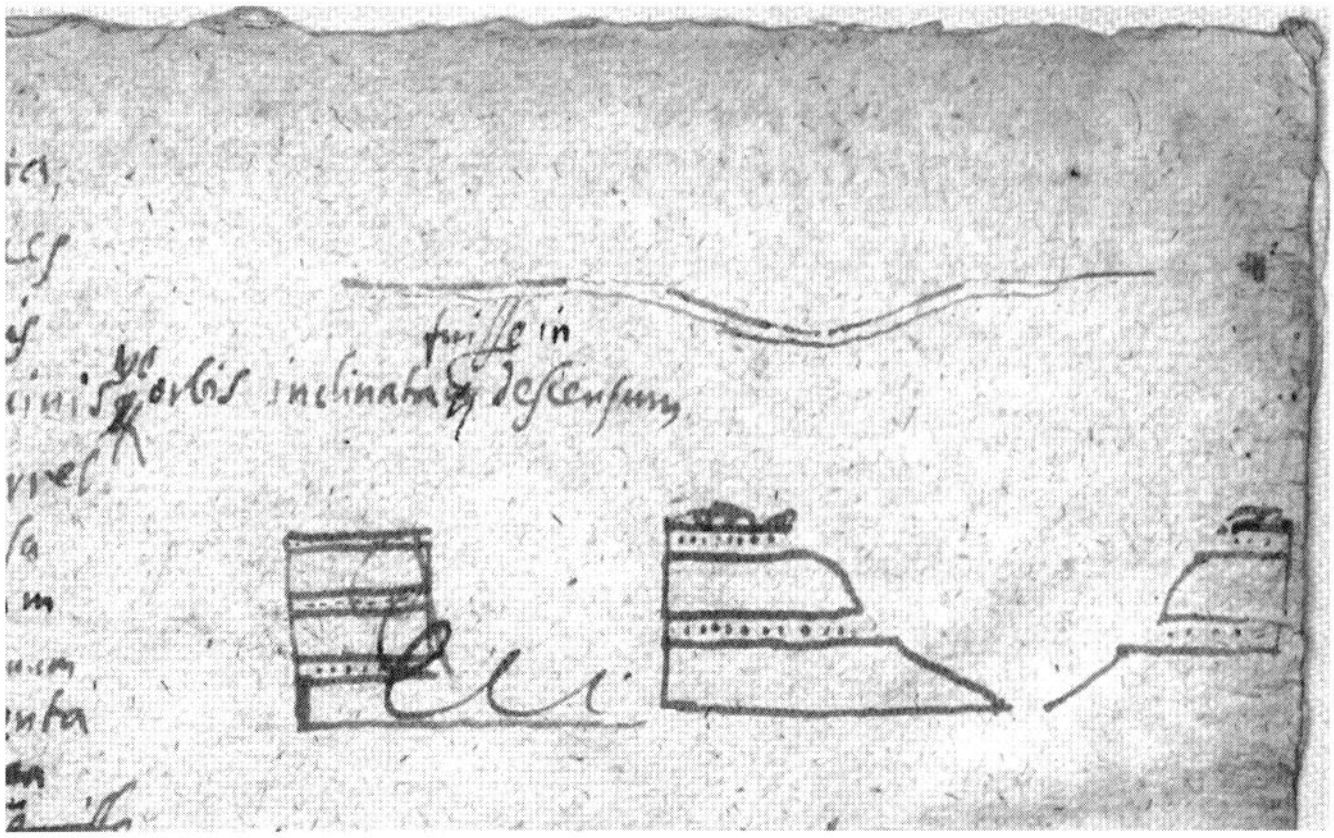

図 3b. 谷をはさんで連続する鉱脈
——ハノーファー・ライプニッツ図書館所蔵

面的な描写にとどまっていた。ステノの地層についての理論を知ったライプニッツにとって、鉱脈の分布を幾何学的に表現することは資源の探査を効率化するだけでなく、堆積の前後関係を把握する点でも重要だった。そうすることで地球の歴史をより正確に叙述できるようになるだろう(18)。

実際の地下世界をライプニッツがどのように表現していたか、ハルツ鉱山にある洞窟の探検をみてみよう(19)。彼はそこから鍾乳石を採集し、方解石の晶洞や年輪状の成長の具合、ふくまれている動物の骨片を記録した。断面図によって洞窟内部が描かれ、鍾乳石をはじめとするスケッチも添えられ、地下空間の様子をわかりやすく描写する工夫をしている。

ライプニッツは「類似する物体は類似する起源に帰される」という考えをもっていた。自然物には人工物と似たものがあるので、地下に埋もれた自然物と実験室で合成される事物を対応させて知識を獲得できるというのだ。この発想は斬新とはいえないが、注目に値する(20)。第四章でライプニッツは、化学者がつくる油類に言及して辰砂やアンチモンなどの鉱物を溶鉱炉での観察と比較する。そして金細工師の技巧になぞらえて、金属による生物体の置換で化石の形成を説明している。ただし一方では、「自然の火はわれわれの炉の火よりかぎりなく強く、はるかに長く持続する」と述べて類比の限界も指摘する(21)。

一七世紀の自然学者たちの関心事であった幾何学的な結晶の生成については、水晶やダイヤモンド、明礬などを例にして水溶性の液体からも火によって溶かされたものからもつくられるという(22)。どちらの場合も、人工的にやり方を真似られるからだ。なおライプニッツによれば、これらの結晶は無機物で「あらかじめ形成された種子に似たものから生まれてくる」動植物と区別されている(23)。こうして形成力による自然発生は明確に否定される。

『プロトガイア』の第三部である化石の話題に進もう。ライプニッツが実際にみていた標本は、医学者ラッハムント（Friedrich Lachmund, 1635-1676）の鉱物誌に見出せる。そこでは二枚貝や腕足類、巻貝、アンモナイト、サンゴ、ウミユリなどが記載されている。[24] ライプニッツは一部の発掘物が生物に由来することを認め、「自然の戯れ」lusus naturae や形成力の関与を否定した。そしてキルヒャーやベッヒャーの見解を批判している。[25]

（18） Toshihiro Yamada, "Stenonian Revolution or Leibnizian Revival?: Constructing Geo-History in the Seventeenth Century," *Historia Scientiarum* 13（2003）, 75-100: 91-94.

（19）『プロトガイア』第三七章、一七五―一七七頁。

（20）『プロトガイア』第九章、一三七頁。ライプニッツにおける類比による自然認識については Bernhard Sticker, "Naturam cognosci per analogiam: Das Prinzip der Analogie in der Naturforschung bei Leibniz," *Studia Leibnitiana Supplementa* 2（1969）, 176-196 を参照。

（21）『プロトガイア』第三章、一二四頁。

（22）『プロトガイア』第一一章、一四〇―一四一頁。

（23）『プロトガイア』第二八章、一五八頁。

（24）『プロトガイア』第三三章、一六三―一七一頁。

（25）『プロトガイア』第二九章、一五八―一六〇頁。ライプニッツは、ステノに出会う以前にはキルヒャーの見解に賛同していた。Cf. Claudine Cohen, "An Unpublished Manuscript by Leibniz（1646-1716）on the Nature of 'Fossil Objects'," *Bulletin de la société géologique de France* 169（1998）, 137-142.

さらにライプニッツは、生物に由来する発掘物をそれらが堆積した環境についての洞察と結びつけている。貝殻の破損や同一の場所に多種類の化石が集まっている事実から、それらが他所から運ばれてきて堆積したとする。リューネブルク産の舌石をマルタ産のものと比較してサメの歯が起源とし（図4）、ステノが『サメの頭部の解剖』で使用したメルカーティの挿版画も画工に復元させている[26]。また舌石の医薬としての効能については、外形から類推する伝統的な考えを否定して、歯磨き粉とするのが実際的だろうという。

地下からの発掘物の解釈で「人間の想像力の戯れ」を戒めたライプニッツだが、真空半球の実験で有名なマクデブルク市長ゲーリケ（Otto von Guericke, 1602-1686）の解釈をうけいれ、いくつかの骨化石から神話的な「一角獣の化石」unicornu fossile の復元図を挿入している[27]（図5）。この図版を逸脱と考える歴史家もおり、一九世紀に出版された『プロトガイア』の仏訳書は掲載しなかった。だがデンマークの医学者バルトリン（Thomas Bartholin, 1616-1680）が自著で「海の一角」monoceros や「四足獣の一角」monoceros quadrupes を紹介しているのをみれば、それは当時の自然誌ではまじめな研究の対象だったと理解できる[28]。

コハクについての断章のあと、最後の第四部は「地上の住人よりはるかに大昔から存在するだろう自然の

（26）『プロトガイア』第三〇―三一章、一六〇―一六二頁。
（27）『プロトガイア』第三五章、一七二―一七三頁。
（28）Roger Ariew, "Leibniz on the Unicorn and Various Other Curiosities," *Early Science and Medicine* 3（1998）, 267–288; C・コーエン『マンモスの運命：化石ゾウが語る古生物学の歴史』菅谷暁訳（新評論、二〇〇三年）、第三章。Cf. Leibniz, *Protogée ou de la formation et des révolutions du globe*（Paris, 1859）.

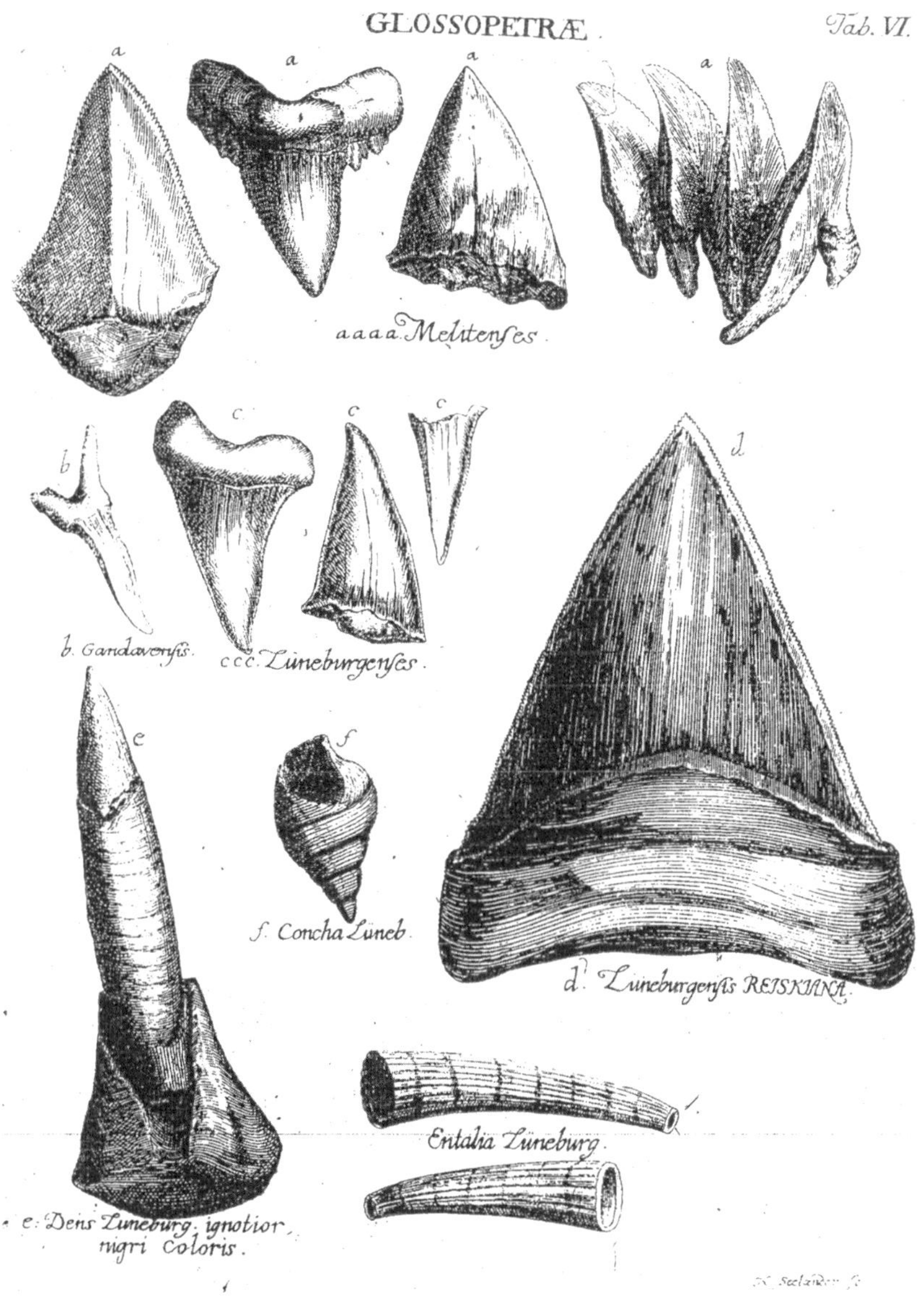

図 4. リューネブルク産の舌石——『プロトガイア』より

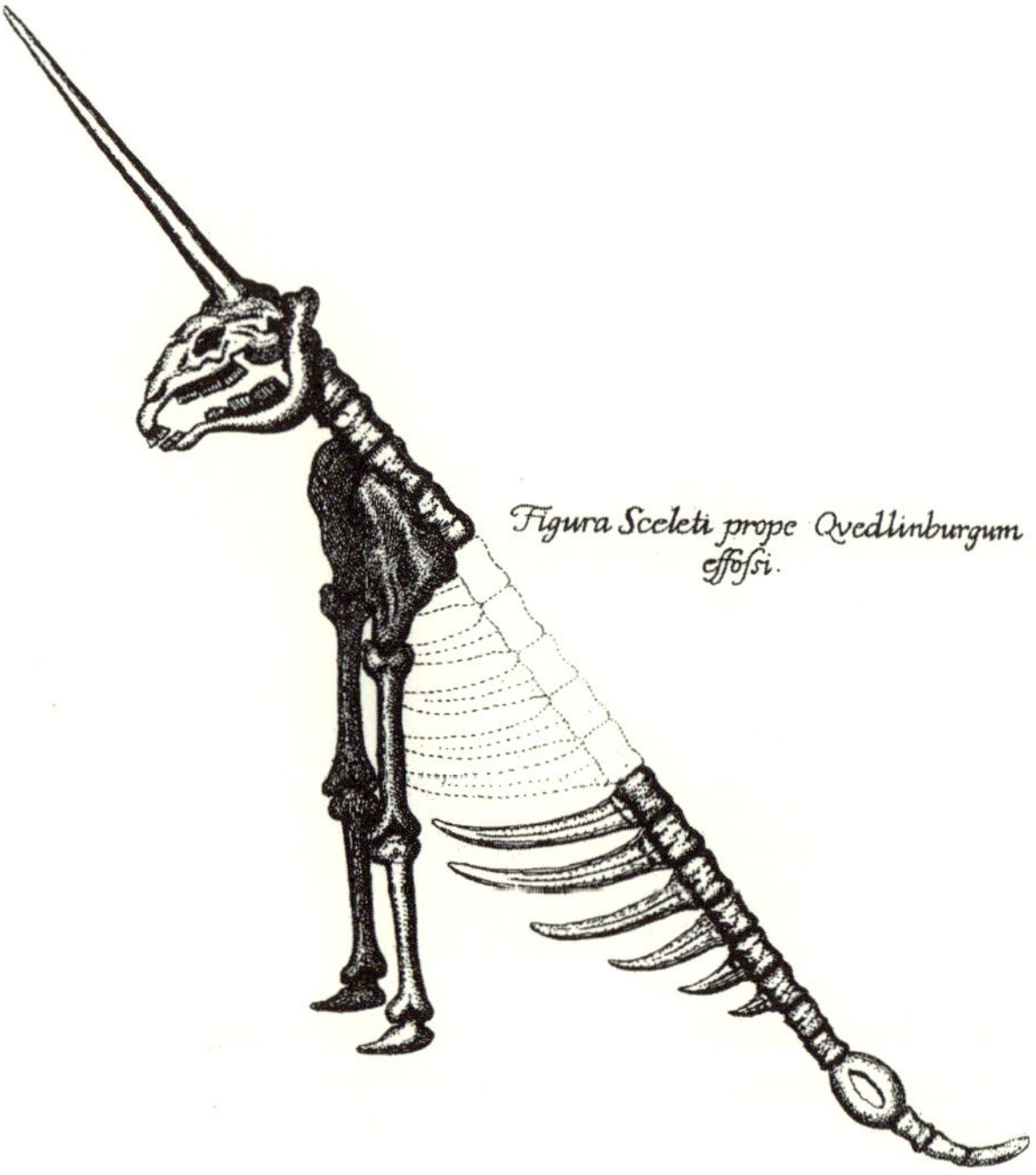

図 5. 一角獣——『プロトガイア』より

大変化の痕跡」を議論している[29]。ライプニッツはそれらの原因として地震や地滑り、大火、洪水を想定し、とくに地表における水のふるまいを重視する。大地が沈降したところに押しよせた大波が北ドイツの湖をつくったことや、北海からドーヴァー海峡にかけて沿岸の地域に海水が侵入したことに言及している。そして人間の力で河川の流れを変えたり堤防を築いたりして大地の形状に変化をもたらしている現実をみれば、自然界でも過去にそうした変動が起こったと考えてもよいだろうという。

さらに興味深い話題としてモデナの噴水がある。ライプニッツは噴水の起源と水を高所におしあげる力について考察し、ガッサンディと同様に広大な地下湖の存在を想定している。またボーリング調査が与える知見から過去の出来事を推定できると主張する。そしてモデナの井戸掘りでは約二四メートル、アムステルダムの例では約七〇メートルの地質柱状図を記載している。後者はウァレニウスの『一般地理学』から採られているのはあきらかだ[30]。

こうした地層からの発掘物、とくに植物の化石についての記載から、彼は自然環境の変化を示唆する。樹木の幹や果実から植物の種類が特定できれば、現在の植生と比較できるというわけだ。

(29)『プロトガイア』第三九章、一七八頁。
(30)『プロトガイア』第四二、四四、四八章、一八一、一八四、一八九―一九〇頁。手稿中の関連図は Leibniz, *Protogaea*, ed. Claudine Cohen & Andre Wakefield (Chicago: Chicago University Press, 2008), xli, 126, 128 に収録されている。

3　ステノからライプニッツへ——両者の交流の背景

以上でみてきたように、ステノが地球論の領域でライプニッツに与えた影響は無視できない。それは二人がハノーファーの宮廷で同僚だった点が大きく関与している。両者の実際の関係はどのようなものだったのだろうか。

当時のハノーファーは人口一万人たらずの小都市だった。ともに宮廷に仕えたステノとライプニッツはたびたび会話をする機会があり、内容は自然学から医学や哲学、そして宗教まで広域にわたり、両者のこみ入った関係を解明するには一冊の本が必要だともいわれる(31)。ライプニッツがハルツ計画に着手するのはステノの滞在中のことだった。また彼は、ステノが開拓した自然学と地理学の融合した分野を「自然地理学」として自らの体系にとり入れようとする。そしてデカルトを批判するためにステノがおこなった解剖学の研究にも関心を払っていた。ただし後者の自然学や解剖学を高く評価しているのに比べると、哲学や神学にたいする態度をめぐっては批判的な言及が際立つ。

たとえば、ステノがスピノザの批判をはじめた「真の哲学についての書簡」にかかわる手稿がある(32)。そのなかでライプニッツは書簡の論点をまとめ、いちいち批判した。そしてローマ教会の喧伝に努めるステノの主張に一般性があるか疑っている。また彼の自由論も批判し、未公表の『ポリアンドルとテオフィルの対話』*Dialogue entre Poliandre et Théophile* のなかで、存在の根拠をたがいに可能にする「共可能なもの」

compossibilia から最善なものを神は選び、すべての存在はその選択によって決定されると説得したという[33]。のちにライプニッツは、ステノが優れた解剖学者で自然の認識に精通していた「偉大な自然学者」から「凡庸な神学者」になってしまったと嘆く[34]。

両者を結びつけたより重要なものは、教会再合同の問題だった。三十年戦争後の和解をのぞむ雰囲気があったとはいえ、各宗派のあいだの確執は根強かった。そうしたなかイタリア旅行中にカトリックに改宗したヨハン・フリードリッヒ公のハノーファー宮廷は、新旧教会の合同運動の拠点となりえた。重要人物は新教側がルター派の神学者モラヌス（Gerhard Wolter Molanus, 1632–1722）とライプニッツ、旧教側がフランシスコ会の司教ロハス・イ・スピノーラ（Cristobal Rojas y Spinola, c. 1626–1695）とイエズス会の司教で著名な神学者ボシュエ（Jacques-Benigne Bossuet, 1627–1704）だった[35]。

ライプニッツは、ある書簡で「二人の第一級の神学者」としてステノとモラヌスをならべ、別の書簡では

（31） Gustav Scherz, "Gespräche zwischen Leibniz und Stensen," *Studia Leibnitiana Supplemtnta* 5（1971）, 81–104; Robinet（1988）, 282.

（32） A, VI-4C: 2197–2202.

（33） エイトン（一九九〇年）、一一六頁。Cf. A, VI-4B: 1375–1383.

（34） 『弁神論』第一部第一〇〇節、『著作集』第六巻一九八頁。

（35） アザール（一九七三年）、第二部第五章；Anthony D. Wright, *The Counter-Reformation: Catholic Europe and the Non-Christian World*（London: Weidenfeld & Nicolson, 1982）, ch. 3–5.

「当地にはティティオポリス司教のステノ師がおります。彼は解剖学の諸発見によってすでに高名ですが、いまは論争に集中し、判断力と抑制を豊かに示しています」と述べている(36)。教会統一の基礎となる著作を書こうとしていたライプニッツは、改宗したという噂がたつほどカトリックの教義に理解を示し、改革諸派の教義との接点を考察していた(37)。ところがこの運動は七九年末のヨハン・フリードリッヒ公の死によって中断を余儀なくされ、教会再合同は遂行されることはなかった(38)。

4　歴史の総合を企てるライプニッツ

『プロトガイア』は公国の歴史の序章として起草されたと考えられる一方で、内容は歴史の編纂とは乖離しているという見解もある(39)。アグリコラに由来する地下世界の描写の伝統とステノの新理論の影響を考慮すると、ライプニッツのなかでは地球論的な関心が歴史学的なそれに先行していたようにもみえる。いずれにしても「先史時代と有史時代とを結びつける」前代未聞の大規模な歴史編纂のプランを構想していたとすると、彼の「記述《ヒストリア》」の概念と意義や方法はどのような性格をもつのだろうか(40)。はたして先史時代という観念は彼のなかにどれほどあったのだろうか。

『人間知性新論』*Nouveaux essais sur l'entendement humain*（一七〇四年に完成）でライプニッツは歴史の有用性として、事物の起源を知ること、故人の顕彰、歴史批判の確立、聖史における批判の確立、そして実践的な有用性の五点をあげている(41)。第一の一般的な意義をのぞくと、このなかに自然の歴史についての考察はないようにみえる。しかし『プロトガイア』は、つぎの言葉で締めくくられていた——

このように諸物の本性は、われわれに歴史の代わりを示す。これにたいしてわれわれの歴史は、これまでにあきらかになったみごとな自然の業が後世に忘れられることのないように、自然の好意にたいして報いるのである。(42)

ここでは「諸物の本性」rerum natura が「われわれの歴史」historia nostra に対置されていると同時に、両者が相補することを示唆している。『プロトガイア』で議論されている事柄からみて、「諸物」が自然の事物や諸現象を指しているのは間違いないだろう。ところでライプニッツは別の論文「論争を終わらせ短期間

(36) A, I-2: 482.
(37) アザール(一九七三年)、二七六—二七八頁。
(38) エイトン(一九九〇年)、一四九—一五〇頁。Cf. Antognazza (2009), 90-91, 118-123, 233-238.
(39) Jacques Roger, "Leibniz et la théorie de la terre," in *Leibniz: aspects de l'homme et de l'œuvre*, ed. Georges Bastide (Paris: Aubier- Montaigne, 1968), 137-144: 137.
(40) 下村寅太郎『ライプニッツ』(みすず書房、一九八三年)、四九頁。Cf. Eberhard Knobloch, "Theoria cum praxi: Leibniz und die Folgen für Wissenschaft und Technik," *Studia Leibnitiana* 19 (1987), 129-147.
(41) 『人間知性新論』第四巻第一六章、『著作集』第五巻二八〇頁。
(42) 『プロトガイア』第四八章、一九〇頁。

に大きな進歩をなすための確実性の方法と発見術についての論説」で、数学につづいて文芸について触れ、つぎのように歴史研究を表現している――

文芸では聖史と俗史が非常に明瞭なので、しばしば自分たちの時代の諸事について書いた著者たちの誤りを発見できる。驚くべき山となす古遺物、何組ものメダル、多くの碑文、多数のヨーロッパからオリエントにおよぶほどの手稿群を賛嘆の念なしにみることはできないだろう。砂埃から救いだした古文書や年代記、創立記、証書から得られる知識はいうまでもない。これらは著名な家族や民、国家、法律、言語、風習の起源や変遷について重要な事柄を数かぎりなく教えてくれる。(43)

ここでライプニッツは聖俗の歴史、そして文書による記録だけでなく物的な証拠の意義にまで言及していることに留意したい。つづいて上述した歴史の有用性についての言明がほぼそのままの内容で述べられる。とりわけ五つの有用性のうち聖俗の歴史については、歴史上の事例が「真なるものから偽なるものを、また歴史から寓話を区別するために必要」となる批判的な考証を確立するために役立ち、それによって宗教にも益をもたらすと主張する。(44)

ライプニッツが自然の歴史・世俗の歴史・聖なる歴史のそれぞれと、それらの相互関係を問題としていたのは明白だ。とくに歴史家としての活動が彼の問題意識に影響を与えていたことは、これらの引用からもわかる。(45)また彼は前章でみたスピノザの聖書解釈を知っており、二人の史料批判の態度には共通するものがあった。

ライプニッツは、英国の哲学者ベイコンのように「記述《ヒストリア》」を自然誌と国家の記述すなわち人間にかかわるものに分類していた。さらに時間の記述は普遍史に代表される年代学へ、場所の記述は地理学へ、土地と人民の記述は地方誌すなわち土地の記述へと細分化されていく。しかしライプニッツの意図したものは、ルネサンス流の百科全書的な総合ではなく、『モナドロジー』*Monadologie*（一七一四年に執筆）にみられるような形而上学的な原理に基礎をおいた総合だった(46)。

こうしたライプニッツの姿勢には、事物の発生の統一的な説明というテーマが関係していた点を指摘しておいてもよいだろう。『プロトガイア』は、自然発生説に反対しつつも諸物の発生に言及している。この書物が全体として自然界における事物の発生と展開を主題としているともいえる。発生学の文脈では、ライプ

(43) ライプニッツ「論争を終わらせ短期間に大きな進歩をなすための確実性の方法と発見術に関する論説」小林道夫訳、『著作集』第一〇巻二六三―二七七頁：二六五頁を参照。
(44) 「確実性の方法と発見術に関する論説」、二六五―二六六頁。
(45) 歴史家としてのライプニッツについては Louis Davillé, *Leibniz historien: Essai sur l'activité et la méthode historiques de Leibniz* (Paris: Alcan, 1909/1986); F・マイネッケ『歴史主義の生成』菊盛英夫・麻生建訳（筑摩書房、一九六七年）、上巻第一章第二節を参照。
(46) 彼の歴史概念については Waldemar Voisé, "On Historical Time in the Works of Leibniz," in *The Study of Time*, ed. Julius T. Fraser & Nathaniel Lawrence (Berlin: Springer, 1975), II, 111–121: 119 を参照。

ニッツが生まれてくる個体がすでに胚のなかに存在しているという前成説の支持者だった事実を想起しておこう[47]。そしてここにもステノの影響を見出だせる。彼の『プロドロムス』の意図は、地上の諸物体と生命体の発生を「固体のなかの固体についての一般的な考察」として議論することだったからだ。

ライプニッツの歴史研究には、公国の歴史を記述する以外にも重要な動機があった。当時、中国からの情報が伝統的な年代学への脅威となっていた。衛匡国の名でも知られるイエズス会士のマルティーニ（Martino Martini, 1614-1661）は『中国史』*Sinica historia*（ミュンヘン、一六五八年）を公刊し、前章で触れたラ・ペイレールの『アダム以前の人間』がひきおこした論争に新たな火種を提供した[48]。中国史の教える年数は、聖書年代学が与えていた六千年をはるかに凌駕していたからだ。ライプニッツはマルティーニの報告を信頼できると考え、妥当な年代学を確立するためにギリシア語版の七十人訳聖書を採用した[49]。

ライプニッツは、他の文明圏からもたらされる遺物や記念碑などを積極的に利用しようとした。言語学も関心の対象であり、諸言語の系譜を確立しようとしたばかりでなく、それらによって「人類史」histoire du genre humain を完成させようと目論んだ。一六八六年ごろに書かれた論文「新たな幕開け」では、歴史の素材として古遺物や書かれたものだけでなく、記憶のように書かれていないものにも注目して、つぎのように主張する――「すべての書かれていないもののなかでも諸言語こそが、古代世界の意味をあらわす、より良く、より豊富な残存物なのであり、そこから人々の起源を知るための、そしてしばしば事物の起源を知るための知識をひきだせるだろう[50]」。

危機の時代を生きたライプニッツは、さまざまな歴史を総合して調和させようとしていた。それは聖俗の歴史や自然の歴史それぞれを確立するだけでなく、全体として世界の歴史を描出しようという野心的なものだった。もっとも彼のなかで聖史・世俗史・自然史の相互関係は明確とはいえない。たしかに聖俗の歴史では当時の批判的な方法をうけついでいる。また自然史における原始地球の議論は、一八世紀後半に形成される人類以前の「深遠なる時間」の概念にむかって明確な一歩を踏みだしている。しかし自然史と聖史との関連では、ステノが示したような明瞭さを欠きむしろ曖昧になっている。(51)

以上の背景と経緯を考慮に入れると、ライプニッツの議論は一七世紀のさまざまな要素を反映しているのが読みとれる。地球の基本構造の形成についてはデカルト流の考えに基礎をおいているが、個々の場面ではステノによる再解釈が採用されている。後者の影響は「固体のなかの固体」という概念や自然地理学という

---

(47) Giovanni Solinas, "La *Protogaea* di Leibniz ai margini della rivoluzione scientifica," in *Saggi sull'illuminismo*, ed. Giovanni Solinas (Cagliari: Publicazioni dell'Istituto di Filosofia, 1973), 7-70: 62.

(48) Martino Martini, *Sinicae historiae decas prima* (München, 1658). また Rappaport (1997), 77-78；岡崎勝世『キリスト教的世界史から科学的世界史へ』(勁草書房、二〇〇〇年)、三九―四一頁も参照。

(49) Hans Poser, "Leibnizens *Novissima Sinica* und das europäische Interesse an China," in *Das Neueste über China: G. W. Leibnizens* Novissima Sinica *von 1697*, ed. Wenzhao Li & Hans Poser (Stutgart: Steiner, 2000), 11-28: 17.

(50) "Nouvelles ouvertures," in A, VI-4A: 686-691: 687.

(51) 以上の観点から、ライプニッツの考えをスコラ学への復帰と解釈する Roger Ariew, "A New Science of Geology in the Seventeenth Century?," in *Revolution and Continuity*, ed. Peter Barker & Roger Ariew (Washington DC: Catholic University of America Press, 1991), 81-92 の趣旨は再考されるべきだろう。

名称に端的にあらわれている。またそれは、化石の生物起源を認めた点や山地・丘陵・低地という三大地形の形成を説明する仕方および洞窟調査にも見出せよう。

鉱山での経験を反映して地下世界における鉱脈や地層を空間的に表現するライプニッツの試みは、資源を探索し自然物の生成の順序を読みとく新しい次元をもたらした。これによって自然史を人間の歴史と相補させることが可能になる。この発想はデカルトにはなく、ステノに発するものだ。しかし聖史との関係については、スピノザの方法を知っていた彼と聖書と自然史の照合を意識的に語ったステノとのあいだに隔たりができたのは当然ともいえる(52)。

ハノーファーの宮廷におけるステノとライプニッツの交流から、一七世紀の地球論にみる諸要素はひとつの統合へむかい、次世紀のヨーロッパに継承されていく(53)。両者の関係は、近代的な地球観を育むために重要な位置を占めていたといえよう。

(52) 三者の関係については Ildefons Betschart, "Stensen-Spinoza-Leibniz im fruchtbaren Gesprach," *Salzburger Jahrbuch für Philosophie und Psychologie* 2 (1958), 135-151 を参照。

(53) 谷本勉「ライプニッツの地質学:『プロトガイア』再考」酒井潔他編『ライプニッツ読本』(法政大学出版局、二〇一二年)、一〇三―一一二頁も参照。

エピローグ

地球をめぐる思索をたどる航海も終わりに近づいた。科学革命期のデカルトからライプニッツにいたる知識人たちの地球像は、どのような文脈でかたちづくられ、どのように変化したのか。この問いかけが本書の出発点だった。「新世界」の発見による地理的な視野の拡大は、彼らの議論を幅ひろい分野に波及させ、ついには地球の歴史の再構成にいたらせた。

これまで当時の議論は、一九世紀に確立する学問の前史、あるいは文芸ジャンルの形成史として語られてきた。これにたいして本書では、ひとつの統一体としての地球をめぐる思索に注目し、直前のルネサンス期の地球観を「ジオコスモス」ととらえて、その変容を追った。百年にわたる長旅の案内人としてステノを選び、彼の足跡と交錯する著作家たちの作品の分析から、変容の性格をとらえようとした。

ルネサンス期にはアグリコラの著作にみられるように、鉱山での観察を考慮しつつ古代や中世のテクストにもとづいた「地下の自然学」というべき領域が開拓されていた。一方で、プトレマイオスに由来する地図作製法とストラボンを手本とする地理記述の手法が復活し、コスモグラフィアの伝統が興隆する。ほぼ同時期に古代や中世には知られていなかった文物が新世界からヨーロッパにもたらされ、このプラットフォームに流れこむ。新しく生まれた自然誌の伝統では、私設博物館の発展とともに所蔵物や記載の内容がグローバル化していく。天文学の変革にともなう「惑星意識」の誕生も考慮すれば、あきらかにこの時期に世界観の転換が起こりつつあった。

一七世紀の新しい流れの起点となるデカルトは、『哲学原理』において形而上学にはじまり、自然学をへて宇宙論から地球論にいたる体系を提示した。彼はさまざまな形状をした粒子をもちいた機械論的な地球像を描きだし、それは印象的な図像表現とともに次世代に思考の枠組みを与えた。ルネサンス期に流布した物質理論とジオコスモス観、さらには宇宙生成論への対応を意識しながら、デカルトは自身の体系にそって新奇な着想にみちた地球論を構築する。だが彼は地球が生成する過程についての重要なモデルを示したが、「地球の歴史」そのものを記述しようとしたわけではなかった。

これにたいしてガッサンディは、死後出版の『哲学集成』で地球についての考察をふくんだ哲学体系を披露する。そこではデカルトにはみられない「化石」をはじめとする自然誌上の具体的な事物があつかわれ、彼以降の著作家たちの地球像に無視できない影響を残した。ステノはガッサンディとその友人ペレスクの議論をわきまえていたので、彼の地球像をデカルト主義の文脈だけで理解するのは不適当だといえる。たがいに異なる哲学体系を提出していたデカルトとガッサンディは、宇宙論とならんで明確に地球論の領域を開拓していた。

デカルトの機械論的な地球像とは対照的に、キルヒャーはルネサンス的なジオコスモス像を継承したといわれる。著名な百科全書『地下世界』とならんで、デカルトの『哲学原理』に先んじて出版された『マグネス』の分析から、すでに後者において独自のジオコスモス観が明瞭に描出されていたのが判明した。なかでも磁気の作用と関連する「形成力」が化石の生成だけでなく、事物の形状や構成を秩序づける守備範囲のひろい作用因として活躍する。また具体的な事物の生成の説明に重きをおいた点で、キルヒャーの関心はペレスクやガッサンディのものと共通していた。さらに自身の観察や実験だけでなく、世界に広がるイエズス会の通信網から得られた知見を利用していた。彼の議論はたんに思弁的なものとして片づけるわけにはいかないのだ。

ルネサンス期の地理学の伝統は、一七世紀半ばにはどうなったのだろうか。ウァレニウスは、デカルトらが推進した新科学の成果をもとに、世界中から寄せられた地理学上の知見を応用数学的な学問として統合しようとする。彼が提案する体系は、伝統的に気象学であつかわれていたテーマを組みこんだ野心的なものだった。最新の地理学的な知見が自然探究の最前線とともに提供され、ルネサンス期のコスモグラフィアの伝統にかわる実用性を考慮した「地球便覧」という側面ももっていた。こうした点でウァレニウスの試みは、キルヒャーのものと対をなし、その後の地球論の展開で果たした役割は忘れてはならない。

以上のジオコスモス観の変容をふまえて、フックとステノの活躍の時期が到来する。フックは地球について多くの論考を残したが、なかでも彼の地震論をステノの著作と比較することで両者の地球論の特質を浮きぼりにできる。ここで重要なのは、「地球の歴史」を復元する原理が把握されようとしていた点だ。顕微鏡などの最新の機器をもちいた自然誌的な収集の行為が、古代ギリシア・ローマの古典を重視する人文主義的な方法と共存している点も注目に値する。当時の自然誌コレクションが与えた影響は、この文脈において理解されるべきだろう。

デカルトが提案した地球生成論に歴史的な次元を導入し、それを図像とともに表現したのがステノだった。彼が残した学生時代の記録は、すでに医学や解剖学への関心が地球論と密接な関係をもっていたことを示している。地球と人体のあいだに類比をみる思考の痕跡は、『サメの頭部の解剖』における化石の解釈から主著『プロドロムス』にまでたどれる。また後者で展開される「固体のなかの固体」という考えは、非生物をふくむ自然物すべての発生と成長を包括的に議論する場を与え、地層などの相互配置に生成の時間的な順序を読みとるのを可能にした。これによってステノは、地球の歴史を再構成する原理を確立した。

ステノの『プロドロムス』とスピノザの『神学・政治論』の比較は、地球論と交錯する聖書解釈の問題に光を投じる。スピノザは聖書を「テクストの歴史」の観点から読解する意義を主張したのにたいし、ステノは自然物の包含関係から地球の歴史を記述する手順を示した。こうして両者は、聖書と地球の歴史が科学的な研究の対象となる道筋を切りひらく。ステノは地球の歴史を聖書の内容と結びつけるが、スピノザは聖書の記述から真理を類推するのを一貫して拒否する。親しく交流していた両者はここで袂を分かつことになった。

ライプニッツは、もともとキルヒャーに代表されるジオコスモス像に共感していたが、ハノーファーの宮廷でステノと同僚となり、後者の考えに影響された。この変化が、鉱山開発という実用的な計画のもとに進行した点は重要だろう。とくに地下空間を三次元的に把握する「地下の地形学」の構想は、資源探査と地球史の再現のために欠かせない。ステノが「自然学と地理学」とした領域を「自然地理学」と呼び、ライプニッツは国家の歴史の繰りひろげられる大地が原初の状態からたどった道筋を記述しようとした。歴史家としての彼が試みた地球論は、デカルトやステノの路線を継承しつつも、自然史や世俗史、そして聖史という三要素をふまえた総合的な体系の一部として構想された。

以上の考察からつぎの点が浮上してくる。デカルトからライプニッツにいたる地球論の系譜は、一七世紀の新科学が歴史をもつ存在として地球を再認識していく壮大な物語の一部だった。そこにはデカルトによる「モデルの発明」の威力にくわえ、地理学の役割もまた見逃せない。こうして空間をあつかう地理と時間をあつかう歴史が手をたずさえて、自然を対象とする科学的な学知へと踏みだす。

従来の教科書的な記述では、初期近代における地球観の変容は天文学における革命の帰結だとされてきた。コペルニクスの地動説によって地球が宇宙の中心から追いやられ、ひとつの惑星とみなされる。これが一七世紀の地球をめぐる議論を生みだしたのだと。しかし、地動説の受容と新しい地球観の誕生には特定の因果関係が見出せないともいわれる[1]。実際に本書で示したように、当時の地球論の展開は天文学の変革を前提にしなければ語れないようなものではない。

ヨーロッパ文明圏の地理的な拡大はコスモグラフィアの系譜を生んだが、その文脈にコペルニクスをおくことで、むしろ地球から宇宙へとむかう観点を想定できるようになる。未知の海原を航行して活動圏を広げ

(1) Kelly (1969).

たヨーロッパ人たちは、各地で古代人にも知られていなかった民族や事物に出会いながら、それらが自分たちの世界と同質の空間に属しているのを実感したに違いない。この均質な空間の意識が地表にとどまらず、一方では地下へ一方では天界へと投じられたと考えられる。デカルトからライプニッツにいたる地球論は、新しい宇宙論の受容の結果として生まれたのではなく、むしろ両者ともにコスモグラフィアの時代に獲得された空間の均質性を前提としていたというべきだろう。

空間意識の均質化にともなって時間のそれも進行した。デカルトは歴史を語ることはなかったが、宇宙や地球の生成の過程になんらかの時間の流れを想定していたのは確実だ。地殻の崩落によって海洋ができる過程を「ノアの洪水」と解釈すれば、ステノやバーネットがおこなったような地球史と聖史の統合も可能となる。しかし、スピノザが試みたように聖書の記述自体が文献学的に検討されだすと、普遍史から切りはなされた「自然の歴史」が姿をあらわす。ライプニッツは、このような状況に直面していたのだ。

ライプニッツが『プロトガイア』を執筆していた直前に、ニュートンの『自然哲学の数学的な諸原理』*Philosophiae naturalis principia methematica*（ロンドン、一六八七年）が出版された。その第三部は世界の体系について議論し、幾何学的な論証によって惑星としての地球の運動や、楕円体としての形状、潮汐の原因などを示して地球論に精密科学としての基礎を与えている。(2) 地球と宇宙の諸現象を同一の原理から説明する観点は、一八世紀をとおしてウァレニウスの『一般地理学』の改訂版にとりこまれる。また物理学的な実験から地球の年齢を推定した結果を、壮大な自然誌に組みいれようとしたビュフォンの企図も忘れてはならないだろう。(3)

その一方で、ステノが提案した方法はイタリアで受けいれられ、鉱物の地理的な分布とともに地質時代の区分が確立されていく。パリ盆地やブリテン島の精確な地質図の作成がはじまり、資源の探査と地球史の再構築をなしとげる時代が到来する。アジアやアメリカ大陸の諸民族の文化が言語の分析とともに理解されはじめ、聖書の記述にはない人類史以前の「深淵なる時間」が意識されるのも、この時期に当たる。(4)

そして二〇世紀に入ると、デカルトが構想した惑星としての地球の生成やキルヒャーが示した地球内部のダイナミズムの解明に手が届くようになる。地震波による地球内部の探究や放射性年代学による地球の年齢の推定、地球化学の勃興、生命の自然発生の再考、気象学や海洋学の発展などは、この時代になってのことだ。しかし、こうした研究の原型はほとんどをすでに一七世紀に見出せる。地球の内部はどうなっているのか、地球はいつ生まれどのような経緯をたどって現状にいたるのか、最初の生命体はどのように誕生したのか、大気や水はどのように地球を循環しているのか、さらに科学的な知見と聖書の記述との関係はどう考えるべきかといった疑問まで、当時のジオコスモス観の変容の過程で問われていた。

二〇世紀後半に、月を周回する宇宙船アポロ八号から月面上に浮かぶ地球の映像が送られてくる。それは

(2) 山本義隆『重力と力学的世界：古典としての古典力学』(現代数学社、一九八一年)を参照。

(3) ビュフォン『自然の諸時期』菅谷暁訳(法政大学出版局、一九九四年)；J・ロジェ『大博物学者ビュフォン：一八世紀フランスの変貌する自然観と科学・文化誌』ベカエール直美訳(工作舎、一九九二年)を参照。

(4) Rossi (1984); Martin J. S. Rudwick, *Bursting the Limits of Time: The Reconstruction of Geohistory in the Age of Revolution* (Chicago: University of Chicago Press, 2005) を参照。

ひとつの統一体としての地球を、宇宙空間を背景にみごとなほどに写しだしていた。「アポロの目」は人類にある種の惑星意識を喚起させたが、この意識の誕生こそはルネサンス期にはじまる長旅に見出せるものだった[(5)]。また、地球の歴史に自然の歴史や人間の歴史が溶けこんでいた一七世紀の思索を理解することは、二一世紀の地球惑星科学と人類史のかかわりを考察するさいに豊かな示唆を与えてくれる。こうしてわれわれは、デカルトからライプニッツにいたる知的な格闘の延長上にいることを知るのだ。

(5) Denis Cosgrove, *Apollo's Eye: A Cartographic Genealogy of the Earth in the Western Imagination* (Boltimore: Johns Hopkins University Press, 2001) を参照。

あとがき

本書は、二〇〇四年に東京大学大学院に提出した博士論文「一七世紀西欧地球論の発生と展開――ニコラウス・ステノの業績を中心として」を大幅に改稿したものである。各章のもとになった論文は二〇一〇年までに学術的な媒体に公表されたが、このような一書になるまでには予想もしていなかった方々との出会いがあった。ふり返ってみて謝辞にかえたい。

地球の歴史という自然史の研究が今日のような学問になった経緯を知りたい。それはわれわれの生き方にとってどんな意義をもつのか。大学で地質学を学び高等学校で地学教育に携わった経験から、このような欲求が起こった。地質学史は必ずしも満足な答えを与えてくれなかったが、重要な人物がステノであることは分かった。彼の没後三百年にあたる一九八六年にデンマークを訪問して史料を集め、日本科学史学会の生物学史分科会で発表した。もう三〇年も前になる。

ステノの主著『プロドロムス』の邦訳をひととおり終えた段階で、スピノザとステノについての試論を一九九四年の日本科学史学会の年会で発表した。聴衆のなかに東京工業大学の梶雅範さんがいて、同じような時代と人物を留学して研究している知人がいると紹介してくださった。それが当時ベルギーで博士論文にとり組んでいたヒロ・ヒライさんだった。

ヒライさんとの交流は当初ごくつつましい手紙の往復ではじまり、やがて貴重な文献や研究の情報が届くようになった。古い文献は海外の図書館からマイクロフィルムで入手していたとはいえ、研究の最前線にいる彼との交信で知らされた事実は新鮮で、圧倒されると同時に日本にいながらもこの分野で独自の貢献ができるかもしれないと思いはじめた。

同じころ、エディンバラの国際会議でオーストラリアの科学史家デイヴィッド・オールドロイド氏と出会った。彼は国際地質科学史委員会（INHIGEO）の事務局長になったばかりだった。のちに学位論文にとり組むさいには、彼から自身の未公刊の博士論文が送られてきた。彼とのやりとりで得たものもはかり知れない。

一九九九年に社会人として入学した東京大学の科学史科学哲学教室でデカルト数学の専門家である佐々木力教授をはじめ、橋本毅彦、廣野喜幸、岡本拓司の諸先生方に学ぶことができたのは幸運だった。博士論文の審査のさいには、地質学の磯崎行雄教授、地質学史家で法政大学の谷本勉教授にも指導助言いただいた。あらためて厚く御礼申し上げる。

長い研究の期間にお世話になった内外の諸機関、諸個人は多く、ここに思い出とともにすべての方のお名前をあげることができないのは残念だが、初期のころに拙稿を評価してくださった石山洋（東京地学協会日本地学史編纂委員長）、ライプニッツの手稿調査の便宜をはかってくださった十川治江（工作舎）、ステノの故国デンマークでの研究仲間であるトロール・カーデル、イェンス・モルテン・ハンセンの諸氏にはとくに謝意を表したい。

初期近代の研究は二〇〇六年秋のアメリカ地質学会での発表で一区切りをつけ、翌年から日本地学史と教育史の研究に軸を移そうとしていた。ところが意外にも古い地学の事績に関心をよせる若い人がいるとの噂が耳に入ってきた。センスあるブログ『石版！』の主宰者である紺野正武さんだ。彼の求めに応じながら、一般の読者のために原稿を書きかえていくという計画が立ちあがった。建築史の桑木野幸司さんをはじめ科学史以外の分野の若手研究者たちからの期待と応援も心を動かすものがあった。彼らの知的好奇心に少しでも応えられればたいへん嬉しい。

しかし改稿の作業は思ったほど簡単ではなかった。しばしば筆がとどこおり、個人的な事情もあって遅延を重ねた。一言一句にわたり細心の注意で編集してくれたヒライさんの助言と激励がなければとても完成できなかっただろう。また勁草書房の関戸詳子さんの本づくりへの情熱と忍耐強い対応には脱帽する。図版の下準備を担当してくださったクレア・ヒライさん、装丁を担当してくださった岡澤理奈さんにはわがままな要望にもかかわらず美しいデザインに仕上げてくださった。

最後に、研究を支援してくれた家族、とくにさまざまな面で支えてくれた妻牧子に心より感謝する。それにしても私が逡巡しているあいだに多くの人々が鬼籍に入ってしまった。今となっては彼らの霊前にも本書が無事届くことを祈るしかない。

二〇一六年初秋の千葉にて

初出一覧

プロローグ第三節――「ニコラウス・ステノ、その生涯の素描：新哲学、バロック宮廷、宗教的危機」『ミクロコスモス：初期近代精神史研究』（月曜社、二〇一〇年）、二三六―二五三頁。

第二章――「地球論におけるデカルト対ガッサンディ：特にステノとの関係を考慮して」『哲学・科学史論叢』第六号（二〇〇四年）、一三一―一六七頁。

第三章―― "Kircher and Steno on the 'Geocosm', with a Reassessment of the Role of Gassendi's Works," in *The Origins of Geology in Italy*, ed. Gian Battista Vai & William G. E. Caldwell (Boulder: Geological Society of America, 2006), 65-80.

第四章――「ヴァレニウス『一般地理学』(1650) と17世紀地球論」『科学史研究』第四三巻（二〇〇四年）、一―一二頁。

第五章――「フック地震論とステノ固体論の比較：鉱物コレクションを基礎として」『科学史研究』第四七巻（二〇〇八年）、一三―二五頁。

第六章第二節――「人食い鮫と化石の起源：ステノの一六六七年論文「サメの頭部の解剖」」『科学医学資料研究』第三二六号（二〇〇〇年）、一―一五頁。

第七章――「ステノとスピノザ：自然の歴史と聖書の歴史」『スピノザーナ』第三号（二〇〇二年）、四七―六八頁。

第八章―― "Stenonian Revolution or Leibnizian Revival?: Constructing Geo-History in the Seventeenth Century," *Historia Scientiarum* 13 (2003), 75-100.

略歴

著者：山田俊弘（やまだ・としひろ）
科学史・科学教育。1955 年千葉県生まれ。1980 年に京都大学理学部卒業後、高等学校教員。2004 年に東京大学大学院総合文化研究科にて博士号（学術）を取得。現在、東京大学大学院教育学研究科研究員。訳書に、ステノ著『プロドロムス：固体論』（東海大学出版会、2004 年）、共訳書にリヴィングストン著『科学の地理学』（法政大学出版局、2014 年）、プリンチペ著『科学革命』（丸善、2014 年）、共著に矢島道子・和田純夫編『はじめての地学・天文学史』（ベレ出版、2004 年）がある。2007 年に、ライプニッツについての英文論文で日本科学史学会論文賞受賞。

編集：ヒロ・ヒライ
ルネサンス思想史。*Early Science and Medicine* 誌編集補佐。1999 年より学術ウェブ・サイト bibliotheca hermetica（略称 BH）を主宰。同年にフランスのリール第三大学にて博士号（哲学・科学史）取得。欧米各国の研究機関における研究員を歴任。現在、オランダ・ナイメーヘン大学研究員。著作に *Le concept de semence dans les théories de la matière à la Renaissance* (Brepols, 2005); *Medical Humanism and Natural Philosophy* (Brill, 2011). 編著に『知のミクロコスモス：中世・ルネサンスのインテレクチュアル・ヒストリー』（中央公論新社、2014 年）。2012 年に第九回日本学術振興会賞受賞。

人名索引

サ　行

タ　行

マ 行

ヤ 行

ラ 行

文献一覧

1-1. 手稿

Leibniz (Gottfried Wilhelm), 'Protogaea' ハノーファー・ライプニッツ図書館蔵 Leibniz Manuskripte: xxiii, 23(a), fol. 12v-13r.

Steno (Nicolaus), 'Chaos' フィレンツェ国立図書館蔵 Gal. 291, Posteriori di Galileo 32, Accademia del Cimento III, Carteggio XVII, Scritti di Niccolò Stenone. fol. 28r-75v.

1-2. 欧文の原典

Agricola (Georg), *De ortu et causis subterraneorum* (Basel, 1546).

Aldrovandi (Ulisse), *Musaeum metallicum* (Bologna, 1648).

Apianus (Petrus), *Cosmographicus liber* (Antwerpen, 1524).

Bernier (François), *Abrégé de la philosophie de Gassendi* (Lyon, 1684; Paris: Fayard, 1992).

Birch (Thomas), *The History of the Royal Society of London* (London, 1756).

Borelli (Giovanni Alfonso), *Historia et meteorologia incendii Aetnaei anni 1669* (Reggio Calabria, 1670).

Borrichius (Olaus), *Dissertatio de lapidum generatione in macro et microcosmo* (Ferrara, 1687).

——, *Olai Borrichii Itinerarium, 1660-1665: The Journal of the Danish Polyhistor Ole Borch*, ed. Henrik D. Schepelern (København: Reitzels, 1983).

Burnet (Thomas), *Telluris theoria sacra* (London, 1681; 2. ed. London, 1689).

Cardano (Girolamo), *De subtilitate* (Nuremberg, 1550).

Descartes (René), *Principia philosophiae* (Amsterdam, 1644).

——, *Opera philosophica* (Amsterdam, 1656).

——, *Œuvres de Descartes*, ed. Charles Adam & Paul Tannery (Paris: Vrin, 1982).

Falloppio (Gabriele), *De medicatis aquis atque de fossilibus* (Venezia, 1564).

Fromondus (Libertus), *Meteorologicorum libri sex* (Antwerpen, 1627).

Gassendi (Pierre), *Viri illustris Nicolai Claudii Fabricii de Peiresc vita* (Paris, 1641).

——, *Animadversiones in decimum librum Diogenis Laertii* (Lyon, 1649).

——, *Institutio astronomica* (Paris, 1647; 3. ed. Den Haag, 1656).
——, *Syntagma philosophicum*, in *Opera omnia* (Lyon, 1658).
Gesner (Conrad), *De rerum fossilium* (Zürich, 1565).
Gilbert (William), *De mundo nostro sublunari philosophia nova* (Amstelodami, 1651).
Hooke (Robert), *Micrographia, or Some Physiological Descriptions of Minute Bodies Made by Magnifying Glasses* (London, 1665).
——, *Posthumous Works*, ed. Richard Waller (London, 1705).
Kircher (Athanasius), *Magnes sive de arte magnetica opus* (Roma, 1641; 2. ed. Köln, 1643; 3. ed. Roma, 1654).
——, *Itinerarium exstaticum* (Roma, 1656).
——, *Mundus subterraneus* (Amsterdam, 1664; 2. ed. 1665).
——, *China illustrata* (Amsterdam, 1667).
——, *China illustrata* (Muskogee: Indian University Press, 1987).
Leibniz (Gottfried Wilhelm), "Protogaea autore GGL," *Acta eruditorum* (1693), 40-42.
——, *Theodicaea* (Amsterdam, 1726; 2. ed. Hannover, 1735).
——, *Protogaea siue de prima facie telluris et antiquissimae historiae veatigiis in ipsis naturae monumentis dissertatio* (Göttingen, 1749).
——, *Protogée ou de la formation et des révolutions du globe* (Paris, 1859).
——, *Sämtliche Scriften und Briefe* (Berlin: Akademie, 1923-).
——, *Protogaea*, ed. Claudine Cohen & Andre Wakefield (Chicago: Chicago University Press, 2008).
Marcus Marci (Johannes), *Idearum operatricium idea* (Praha, 1635).
Martini (Martino), *Sinicae historiae decas prima* (München, 1658).
Mercati (Michele), *Metallotheca Vaticana* (Roma, 1717).
Oldenburg (Henry), "Of the *Mundus Subterraneus* of Athanasius Kircher," *Philosophical Transactions* 6 (1665), 109-117.
——, "Nic. Stenonis Musculi Descriptio Geometrica," *Philosophical Transactions* 32 (1667/68), 627-628.
——, *The Correspondence of Henry Oldenburg*, ed. Rupert Hall & Marie Boas Hall (Madison: University of Wisconsin Press, 1965-1977).
Spinoza (Benedictus de), *Renati des Cartes principiorum philosophiae* (Amsterdam, 1663).
——, *Tractatus theologico-politicus* (Hamburg [Amsterdam], 1670).
——, *Opera posthuma* ([Amsterdam], 1682).
——, *Opera*, ed. Carl Gebhardt (Heidelberg: Carl Winter, 1925; 1972).

Steno (Nicolaus), *Disputatio physica de thermis* (Amsterdam, 1660).
——, *Elementorum myologiae specimen, seu musculi descriptio geometrica* (Firenze, 1667).
——, *De solido intra solidum naturaliter contento dissertationis prodromus* (Firenze, 1669).
——, *The Prodromus to a Dissertation Concerning Solids Naturally Contained within Solids...* (London, 1671).
——, *Defensio et plenior elucidatio epistrae de propria conversione* (Hannover, 1680).
——, *Opera philosophica*, ed. Vilhelm Maar (København: Vilhelm Tryde, 1910) = *OPH*.
——, *Opera theologica*, ed. Knud Larsen & Gustav Scherz (København: Nyt Nordisk, 1941-1947) = *OTH*.
——, *Epistrae et epistrae ad eum datae*, ed. Gustav Scherz (København: Nyt Nordisk, 1952) = *EP*.
——, *Steno Geological Papers*, ed. Gustav Scherz (Odense: Odense University Press, 1969) = *GP*.
——, Chaos: *Niels Stensen's Chaos-manuscript, Copenhagen, 1659*, ed. August Ziggelaar (København: Danish National Library, 1997).
—— *Nicolaus Steno: Biography and Original Papers of a 17th Century Scientist*, ed. Kardel Troels & Paul Maquet (Berlin: Springer, 2013) = *BOP*.
Tradescant (John), *Musaeum Tradescantiarum* (London, 1656).
Varenius (Bernhardus), *Disputatio medica inauguralis, de febri in genere* (Leiden, 1649).
——, *Disputatio physica, de definitione motus Aristotelica* (Hamburg, 1642), in Joachim Jungius, *Disputationes Hamburgenses*, ed. Clemens Müller-Glauser (Göttingen: Vandenhoeck, 1988), 473-496.
——, *Tractatus in quo agitur de Iaponiorum religione...* (Amsterdam, 1649).
——, *Descriptio regni Iaponiae cum quibusdam affinis materiae...* (Amsterdam, 1649).
——, *Geographia generalis, in qua affectiones generales telluris explicantur* (Amsterdam, 1650).
——, *Geographia generalis*, ed. Isaac Newton (Cambridge, 1672).
——, *Volkomen Samenstel der Aardryksbeschryvinge...* (Haarlem, 1750).
——, *A Complete System of General Geography* (London, 1734).
Wilkins (John), *The Discovery of a World in the Moone* (London, 1638).

Wormius (Olaus), *Museum Wormianum* (Leiden, 1655).

1-3. 原典の邦訳

アグリコラ（ゲオルギウス）『デ・レ・メタリカ』三枝博音訳（岩崎学術出版社、1968年）.
――「『地下の事物の起源と原因について』」沓掛俊夫他訳、『地質学史懇話会会報』第21号－第33号（2003年-2009年）.
ヴァレニウス（ベルンハルドゥス）『日本伝聞記』宮内芳明訳（大明堂、1975年）.
ウィトルウィウス『建築書』森田慶一訳（東海大学出版会、1969年）.
ガリレオ・ガリレイ『星界の報告 他一編』山田慶児・谷泰訳（岩波書店、1976年）.
――「偽金鑑識官」山田慶児・谷泰訳、豊田利幸編『ガリレオ』（中央公論社、1979年）、271-547頁.
ギルバート（ウィリアム）『磁石論』三田博雄訳（朝日出版社、1981年）.
ケプラー（ヨハネス）「新年の贈り物あるいは六角形の雪について」榎本恵美子訳、『知の考古学』（社会思想社、1977年9月号）、276-296頁.
――『宇宙の調和』岸本良彦訳（工作舎、2009年）.
スピノザ（バルーフ・デ）『スピノザ往復書簡集』畠中尚志訳（岩波書店、1958年）.
――『デカルトの哲学原理』畠中尚志訳（岩波書店、1959年）.
――『神学・政治論』吉田量彦訳（光文社、2014年）.
ステノ（ニコラウス）『プロドロムス：固体論』山田俊弘訳（東海大学出版会、2004年）.
セネカ『自然研究』土屋睦廣訳、『セネカ哲学全集』第3-4巻（岩波書店、2005-2006年）.
デカルト（ルネ）『デカルト著作集（増補版）』（白水社、2001年）.
――『哲学の原理』井上庄七他訳（朝日出版社、1988年）.
パリシー（ベルナール）『陶工パリシーのルネサンス博物問答』佐藤和生訳（晶文社、1993年）.
ビュフォン（ジョルジュ＝ルイ・ルクレール）『自然の諸時期』菅谷暁訳（法政大学出版局、1994年）.
フォントネル（ベルナール）『世界の複数性についての対話』赤木昭三訳（工作舎、1992年）.
フック（ロバート）『ミクログラフィア：微小世界図説』板倉聖宣・永田英治訳（仮説社、1984年）.
プトレマイオス『地理学』中務哲郎訳（東海大学出版会、1986年）.

ホッブズ（トマス）『リヴァイアサン』水田洋訳（岩波書店、1954-1985 年）.
ライプニッツ（ゴットフリート）『ライプニッツ著作集』下村寅太郎他編（工作舎、1988-1999 年）.

2-1. 欧語の研究文献

Adams (Frank Dawson), *The Birth and Development of the Geological Sciences* (Baltimore: Williams & Wilkins, 1938; New York: Dover, 1954).

Antognazza (Maria Rosa), *Leibniz: An Intellectual Biography* (Cambridge: Cambridge University Press, 2009).

Ariew (Roger), "A New Science of Geology in the Seventeenth Century?," in *Revolution and C o ntinuity: Essays in the History and Philosophy of Early Modern Science*, ed. Peter Barker & Roger Ariew (Washington DC: Catholic University of America Press, 1991), 81-92.

——, "Leibniz on the Unicorn and Various Other Curiosities," *Early Science and Medicine* 3 (1998), 267-288.

——, *Descartes and the Last Scholastics* (Ithaca: Cornell University Press, 1999).

Ashworth, Jr. (William B.), "Natural History and the Emblematic World View," in *Reappraisals of the Scientific Revolution*, ed. David C. Lindberg & Robert S. Westman (Cambridge: Cambridge University Press, 1990), 303-332.

—— & Bradley (Bruce), *Theories of the Earth 1644-1830: The History of a Genre* (Kansas City: Linda Hall Library, 1984).

Bach (José Alfredo), *Athanasius Kircher and His Method: A Study in the Relations of the Arts and Sciences in the Seventeenth Century*, Ph. D. diss. (University of Oklahoma, 1985).

Baigrie (Brian S.) "Descartes's Scientific Illustrations and 'la grande mécanique de la nature'," in *Picturing Knowledge: Historical and Philosophical Problems Concerning the Use of Art in Science*, ed. Brian S. Baigre (Toronto: University of Toronto Press, 1996), 86-134.

Baldwin (Martha), *Athanasius Kircher and the Magnetic Philosophy*, Ph. D. diss. (University of Chicago, 1987).

——, "Alchemy and the Society of Jesus in the Seventeenth Century: Strange Bedfellows?," *Ambix* 40 (1993), 41-64.

Bennett (Jim A.), "Hooke's Instruments for Astronomy and Navigation," in Hunter & Schaffer (1989), 149-180.

—— et al., *London's Leonardo: The Life and Work of Robert Hooke*

(Oxford: Oxford University Press, 2003).
Berggren (J. Lennart) & Jones (Alexander), *Ptolemy's Geography: An Annotated Translation of the Theoretical Chapters* (Princeton: Princeton University Press, 2000).
Betschart (Ildefons), "Stensen-Spinoza-Leibniz im fruchtbaren Gesprach," *Salzburger Jahrbuch für Philosophie und Psychologie* 2 (1958), 135-151.
Birkett (Kristen) & Oldroyd (David), "Robert Hooke, Physico-Mythology, Knowledge of the World of the Ancients and Knowledge of the Ancient World," in *The Uses of Antiquity: The Scientific Revolution and the Classical Tradition*, ed. Stephen Gaukroger (Dordrecht: Kluwer, 1991), 145-170.
Bloch (Olivier R.), *La philosophie de Gassendi* (Den Haag: Nijhoff, 1971).
Bonelli (Maria L.), "The Accademia del Cimento and Niels Stensen," *Analecta Medico-Historica* 3 (1968), 253-260.
Büttner (Manfred), "The Significance of the Reformation for the Reorientation of Geography in Lutheran Germany," *History of Science* 17 (1979), 151-169.
Cavaillé (Jean-Pierre), *Descartes et la fable du monde* (Paris: Vrin, 1991).
Clarke (Desmond M.), *Descartes' Philosophy of Science* (Manchester: Manchester University Press, 1982).
——, *Descartes: A Biography* (Cambridge: Cambridge University Press, 2006).
Cochrane (Eric), *Florence in the Forgotten Centuries, 1527-1800: A History of Florence and the Florentines in the Age of the Grand Dukes* (Chicago: University of Chicago Press, 1973).
Cohen (Claudine), "An Unpublished Manuscript by Leibniz (1646-1716) on the Nature of 'Fossil Objects'," *Bulletin de la société géologique de France* 169 (1998), 137-142.
Cole (Francis J.), *A History of Comparative Anatomy: From Aristotle to the Eighteenth Century* (New York: Dover, 1975).
Cormack (Lesley B.), "The Fashioning of an Empire: Geography and the State in Elizabethan England," in *Geography and Empire*, ed. Anne Godlewska & Neil Smith (Oxford: Blackwell, 1994), 15-30.
Cosgrove (Denis), *Apollo's Eye: A Cartographic Genealogy of the Earth in the Western Imagination* (Baltimore: Johns Hopkins University Press, 2001).

Davillé (Louis), *Leibniz historien: Essai sur l'activité et la méthode historiques de Leibniz* (Paris: Alcan, 1909; Aalen: Scientia, 1986).
Dear (Peter), *Discipline and Experience: The Mathematical Way in the Scientific Revolution* (Chicago: University of Chicago Press, 1995).
Debus (Allen G.), "Edward Jorden and the Fermentation of the Metals: An Iatrochemical Study of Terrestrial Phenomena," in *Toward a History of Geology*, ed. Cecil J. Schneer (Cambridge MA: MIT Press, 1969), 100–121.
Diller (Aubrey), *The Textual Tradition of Strabo's Geography* (Amsterdam: Hakkert, 1975).
Drake (Ellen T.), *Restless Genius: Robert Hooke and His Earthly Thoughts* (Oxford: Oxford University Press, 1996).
Dunin-Borkowski (Stanislaw von), "Spinoza und Niels Stensen," *Spinozana* 3 (1935), 162–182, 378–382.
Ellenberger (François), *Histoire de la géologie* (Paris: Lavoisier, 1988–1994).
Emerton (Norma E.), *The Scientific Reinterpretation of Form* (Ithaca: Cornell University Press, 1984).
Eyles (Victor A.), "The Influence of Nicolaus Steno on the Development of Geological Science in Britain," in Scherz (1958), 167–188.
Faller (Adolf), "Niels Stensen und der Cartesianismus," in Scherz (1958), 140–166.
Findlen (Paula), "Jokes of Nature and Jokes of Knowledge: The Playfulness of Scientific Discourse in Early Modern Europe," *Renaissance Quarterly* 43 (1990), 292–331.
——, "Controlling the Experiment: Rhetoric, Court Patronage and the Experimental Method of Francesco Redi," *History of Science* 31 (1993), 35–64.
—— (ed.), *Athanasius Kircher: The Last Man Who New Everything* (New York: Routledge, 2004).
Fletcher (John E.), "Astronomy in the Life and Correspondence of Athanasius Kircher," *Isis* 61 (1970), 52–67.
——, *A Study of the Life and Works of Athanasius Kircher 'Germanus Incredibilis'* (Leiden: Brill, 2011).
Frängsmyr (Tore), "Steno and Geological Time," in Scherz (1971), 204–212.
Freedberg (David), *The Eye of the Lynx: Galileo, His Friends, and the*

Beginnings of Modern Natural History (Chicago: The University of Chicago Press, 2002).

Gaukroger (Stephen) et al. (eds.), *Descartes' Natural Philosophy* (London: Routledge, 2000).

Gilson (Etienne), *Études sur le rôle de la pensée médiévale dans la formation du système cartésien* (Paris: Vrin, 1951).

Gohau (Gabriel), *Les sciences de la Terre aux XVIIe et XVIIIe siècles* (Paris: Albin Michel, 1990).

Good (Gregory A.) (ed.), *Sciences of the Earth: An Encyclopedia of Events, People, and Phenomena* (New York: Garland, 1998).

Gorman (Michael John), "The Angel and the Compass: Athanasius Kircher's Magnetic Geography," in Findlen (2004), 239–259.

Gould (Stephen J.), "Father Athanasius on the Isthmus of a Middle State: Understanding Kircher's Paleontology," in Findlen (2004), 207–237.

Grafton (Anthony), "Kircher's Chronology," in Findlen (2004), 171–187.

—— et al., *New Worlds, Ancient Texts: The Power of Tradition and the Shock of Discovery* (Cambridge MA: Harvard University Press, 1992).

Grene (Marjorie) & Nails (Debra) (eds.), *Spinoza and the Sciences* (Dordrecht: Reidel, 1986).

Gullan-Whur (Margaret), *Within Reason: A Life of Spinoza* (New York: St. Martin's Press, 1998).

Hall (Alfred Rupert), "Newton's First Book," *Archives internationales d'histoire des sciences* 13 (1960), 39–61.

Halleux (Robert), "La littérature géologique française de 1500 à 1650 dans son contexte européen," *Revue d'histoire sciences* 35 (1982), 111–130.

Hamm (Ernst P.), "Knowledge from Underground: Leibniz Mines the Enlightenment," *Earth Sciences History* 16 (1997), 77–99.

Hansen (Jens Morten), "On the Origin of Natural History: Steno's Modern, but Forgotten Philosophy of Science," in Rosenberg (2009), 159–178.

Harrison (Peter), "The Influence of Cartesian Cosmology in England," in Gaukroger et al. (2000), 168–192.

[Herries] Davies (Gordon L.), "Robert Hooke and His Conception of Earth-History," *Proceedings of the Geologists' Association of London* 75 (1964), 493–498.

——, "A Science Receives Its Character," in *Two Centuries of Earth Science 1650–1850*, ed. Gordon L. Herries Davies & Antony R. Orme (Los Angeles: University of California, 1989), 1–28.

Hirai (Hiro), *Le concept de semence dans les théories de la matière à la Renaissance: de Marsile Ficin à Pierre Gassendi* (Turnhout: Brepols, 2005).

——, "Interprétation chymique de la création et origine corpusculaire de la vie chez Athanasius Kircher," *Annals of Science* 64 (2007), 217–234.

——, *Medical Humanism and Natural Philosophy: Renaissance Debates on Matter, Life, and the Soul* (Leiden: Brill, 2011).

—— (ed.), *Jacques Gaffarel between Magic and Science* (Roma: Serra, 2014).

—— & Yoshimoto (Hideyuki), "Anatomizing the Sceptical Chymist: Robert Boyle and the Secret of his Early Sources on the Growth of Metals," *Early Science and Medicine* 10 (2005), 453–477.

Hodgen (Margaret T.), "Sebastian Muenster (1489–1552): A Sixteenth-Century Ethnographer," *Osiris* 11 (1954), 504–529.

Hooykaas (Reijer), *Natural Law and Divine Miracle: A Historical-Critical Study of the Principle of Uniformity in Geology, Biology and Theology* (Leiden: Brill, 1959).

——, *Humanism and the Voyages of Discovery in 16th-Century Portuguese Science and Letters* (Amsterdam: North-Holland Publishing, 1979).

——, "The Rise of Modern Science: When and Why?" *British Journal for History of Science* 20 (1987), 453–473.

Hsia (Florence), "Athanasius Kircher's *China Illustrata* (1667): An Apologia Pro Vita Sua," in Findlen (2004), 383–404.

Hsu (Kuang-Tai), "Gabriele Fallopio's *De Medicatis Aquis* as a Major Source of Nicolaus Steno's Earliest Geological Writing: *Dissertatio* [sic] *Physica de Thermis*," *Philosophy and the History of Science: A Taiwanese Journal* 2 (1993), 77–104.

——, "The Path to Steno's Synthesis on the Animal Origin of Glossopetrae," in Rosenberg (2009), 93–106.

Hunter (Michael), "The Cabinet Institutionalized: The Royal Society's 'Repository' and Its Background," in Impey & MacGregor (1985), 159–168.

——, *Establishing the New Science: The Experience of the Early Royal Society* (Woodbridge: Boydell, 1989).

—— & Schaffer (Simon) (eds.), *Robert Hooke: New Studies* (Woodbridge: Boydell, 1989).

Impey (Oliver) & MacGregor (Arthur) (eds.), *The Origin of Museums: Cabinet of Curiosities in Sixteenth- and Seventeenth-Century Europe*

(Oxford: Clarendon, 1985).
Ito (Yushi), "Hooke's Cyclic Theory of the Earth in the Context of Seventeenth Century England," *British Journal for the History of Science* 21 (1988), 295–314.
Joost-Gaugier (Christiane L.), "Ptolemy and Strabo and Their Conversation with Apelles and Protogenes: Cosmography and Painting in Raphael's *School of Athens*," *Renaissance Quarterly* 51 (1998), 761–787.
Jorink (Erik) & van Miert (Dirk) (eds.), *Isaac Vossius (1618–1689) Between Science and Scholarship* (Leiden: Brill, 2012).
Joy (Lynn Sumida), *Gassendi the Atomist: Advocate of History in an Age of Science* (Cambridge: Cambridge University Press, 1987).
Kangro (Hans), *Joachim Jungius' Experimente und Gedanken zur Begrundung der Chemie als Wissenschaft* (Wiesbaden: Steiner, 1968).
Kardel (Troels), *Steno, Life-Science-Philosophy* (København: Danish National Library, 1994).
——, "Stensen's Myology in Historical Perspective," in Troels Kardel, *Steno on Muscles: Introduction, Texts, Translation* (Philadelphia: American Philosophical Society, 1994), 1–57.
Kelly (Suzanne), "Theories of the Earth in Renaissance Cosmologies," in *Toward a History of Geology*, ed. Cecil J. Schneer (Cambridge MA: MIT Press, 1969), 214–225.
Klempt (Adalbert), *Die Säkularisierung der universalhistorischen Auffassung: Zum Wandel des Geschichtgedankens im 16. und 17. Jahrhundert* (Göttingen: Musterschmidt, 1960).
Klever (Wim), "Steno's Statements on Spinoza and Spinozism," *Studia Spinozana* 6 (1990), 303–313.
Knobloch (Eberhard), "Theoria cum praxi: Leibniz und die Folgen für Wissenschaft und Technik," *Studia Leibnitiana* 19 (1987), 129–147.
Kusukawa (Sachiko), "Drawings of Fossils by Robert Hooke and Richard Waller," *Notes and Records of the Royal Society* 67 (2013), 123–138.
Laudan (Rachel), *From Mineralogy to Geology: The Foundation of a Science, 1650–1830*, (Chicago: University of Chicago Press, 1987).
Lehmann (Klaus), "Der Bildungsweg des Jungen Bernhard Varenius," in Schuchard (2007), 59–90.
Leinkauf (Thomas), "Die *Centrosophia* des Athanasius Kircher SJ: Geometrisches Paradigma und geozentrisches Interesse," *Berichte zur Wissenschaftsgeschichte* 14 (1991), 217–229.

Lennon (Thomas M.), *The Battle of the Gods and Giants: The Legacies of Descartes and Gassendi, 1665-1715* (Princeton: Princeton University Press, 1993).

Lenoble (Robert), *Mersenne ou la naissance du mécanisme* (Paris: Vrin, 1943; 1971).

Lynch (William T.), *Solomon's Child: Method in the Early Royal Society of London* (Stanford: Stanford University Press, 2001).

MacGregor (Arthur), "The Cabinet of Curiosities in Seventeenth-Century Britain," in Impey & MacGregor (1985), 147-158.

Magruder (Kerry V.), "Global Visions and the Establishment of Theories of the Earth," *Centaurus* 48 (2006), 234-257.

——, "The Idiom of a Six Day Creation and Global Depictions in Theories of the Earth," in *Geology and Religion: A History of Harmony and Hostility*, ed. Martina Kölbl-Ebert (London: Geological Society, 2009), 49-66.

Martin (Craig), *Renaissance Meteorology: Pomponazzi to Descartes* (Baltimore: Johns Hopkins University Press, 2011).

Martin (Geoffrey J.) & James (Preston E.), *All Possible Worlds: A History of Geographical Ideas*, 3. ed. (New York: John Wiley & Sons, 1993).

Mayhew (Robert J.), "From Hackwork to Classic: The English Editing of the *Geographia Generalis*," in Schuchard (2007), 239-257.

McDermott (James), *Martin Frobisher: Elizabethan Privateer* (New Haven: Yale University Press, 2001).

Mclean (Mathew), *The Cosmographia of Sebastian Munster: Describing the World in the Reformation* (Surrey: Ashgate, 2007).

Meinel (Christoph), *Die Bibliothek des Joachim Jungius: Ein Beitrag zur Historia litterari der frühen Neuzeit* (Göttingen: Vandenhoeck, 1992).

Middleton (William E. Knowles), "Archimedes, Kircher, Buffon, and the Burning-Mirrors," *Isis* 52 (1961), 533-543.

Miller (Peter N.), *Peiresc's Europe: Learning and Virtue in the Seventeenth Century* (New Haven: Yale University Press, 2000).

——, "Copts and Scholars: Athanasius Kircher in Peiresc's Republic of Letters," in Findlen (2004), 133-148.

Morello (Nicoletta), "Giovanni Alfonso Borelli and the Eruption of Etna in 1669," in *Volcanoes and History*, ed. Nicoletta Morello (Genova: Brigati, 1998), 395-413.

——, "The Question on the Nature of Fossils in the 16th and 17th

Centuries," in *Four Centuries of the Word Geology: Ulisse Aldrovandi 1603 in Bologna*, ed. Gian Battista Vai & William Cavazza (Bologna: Minerva, 2003), 127–151.

Morrison (James C.), "Spinoza and History," in *The Philosophy of Baruch Spinoza*, ed. Richard Kenning (Washington DC: Catholic University of America Press, 1980), 173–195.

Oldroyd (David R.), "Robert Hooke's Methodology of Science as Exemplified in his 'Discourse of Earthquakes'," *The British Journal for the History of Science* 6 (1972), 109–130.

——, "Some Neo-Platonic and Stoic Influences on Mineralogy in the Sixteenth and Seventeenth Centuries," *Ambix* 21 (1974), 128–156.

——, "Mechanical Mineralogy," *Ambix* 21 (1974), 157–178.

——, "Geological Controversy in the Seventeenth Century: 'Hooke vs Wallis' and Its Aftermath," in Hunter & Schaffer (1989), 207–233.

——, *Thinking about the Earth: A History of Ideas in Geology* (London: Athlone, 1996).

Park (Kathrine), "Natural Particulars: Medical Epistemology, Practice and the Literature of Healing Springs," in *Natural Particulars: Nature and the Disciplines in Renaissance Europe*, ed. Anthony Grafton & Nancy G. Siraisi (Cambridge MA: MIT Press, 1999), 347–367.

Popkin (Richard H.), "Cartesianism and Biblical Criticism," in *Problems of Cartesianism*, ed. Thomas M. Lennon et al. (Toronto: McGill-Queen's University Press, 1982), 61–81.

——, "Some New Light on the Roots of Spinoza's Science of Bible Study," in Grene & Nails (1986), 171–188.

——, *Isaac Peyrère (1596–1676): His Life, Work and Influence* (Leiden: Brill, 1987).

——, "Spinoza and Bible Scholarship," in *The Books of Nature and Scripture: Recent Essays on Natural Philosophy, Theology, and Biblical Criticism in the Netherlands of Spinoza's Time and the British Isles of Newton's Time*, ed. James E. Force & Richard H. Popkin (Dordrecht: Kluwer, 1994), 1–20.

Porter (Roy), *The Making of Geology: Earth science in Britain 1660–1815* (Cambridge: Cambridge University Press, 1977).

Poser (Hans), "Leibnizens Novissima Sinica und das europäische Interesse an China," in *Das Neueste über China: G. W. Leibnizens Novissima Sinica von 1697*, ed. Wenzhao Li & Hans Poser (Stuttgart: Steiner,

2000), 11-28.
Rabenort (William L.), *Spinoza as Educator* (New York: AMS, 1972).
Rappaport (Rhoda), "Hooke on Earthquakes: Lectures, Strategy and Audience," *British Journal for the History of Science* 19 (1986), 129-146.
——, *When Geologists Were Historians, 1665-1750* (Ithaca: Cornell University Press, 1997).
Reilly (Conor), *Athanasius Kircher: Master of a Hundred Arts 1602-1680* (Roma: Edizioni del Mondo, 1974).
Robinet (André), *G. W. Leibniz iter Italicum (mars 1689-mars 1690): La dynamique de la République des Lettres* (Firenze: Olschki, 1988).
Roger (Jacques), "Leibniz et la théorie de la terre," in *Leibniz: aspects de l'homme et de l'œuvre*, ed. Georges Bastide (Paris: Aubier- Montaigne, 1968), 137-144.
Rosenberg (Gary D.) (ed.), *The Revolution in Geology from the Renaissance to the Enlightenment* (Boulder: Geological Society of America, 2009).
Rossi (Paolo), *The Dark Abyss of Time: The History of the Earth and the History of Nations from Hooke to Vico* (Chicago: University of Chicago Press, 1984).
Rudwick (Martin J. S.), *Bursting the Limits of Time: The Reconstruction of Geohistory in the Age of Revolution* (Chicago: University of Chicago Press, 2005).
Ruffner (James A.), "Agricola and Community: Cognition and Response to the Concept of Coal," in *Religion, Science and Worldview*, ed. Margaret J. Osler & Paul Lawrence Farber (Cambridge: Cambridge University Press, 1985), 297-324.
Sarasohn (Lisa), "Nicolas-Claude Fabri de Peiresc and the Patronage of the New Science in the Seventeenth Century," *Isis* 84 (1993), 70-90.
Savan (David), "Spinoza: Scientist and Theorist of Scientific Method," in Grene & Nails (1986), 95-123.
Schepelern (Henrik D.), *Museum Wirmianum: Dets Forudsaetninger Tilblivelse* (København: Wormianum, 1971).
Scherz (Gustav) (ed.), *Nicolaus Steno and His Indice* (København: Munksgaad, 1958).
——, "Nicolaus Steno's Life and Work," in Scherz (1958), 9-86.
——, "Niels Stensen's First Dissertation," *Journal of the History of Medicine* 15 (1960), 247-264.

——, *Nicolaus Steno's Lecture on the Anatomy of the Brain* (København: Nyt Nordisk, 1965).
——, "Gespräche zwischen Leibniz und Stensen," *Studia Leibnitiana Supplemtnta* 5 (1971), 81-104.
—— (ed.), *Dissertations on Steno as Geologist*, ed. Gustav Scherz (Odense: Odense University Press, 1971).
——, "Niels Stensens Reisen," in Scherz (1971), 9-139.
——, *Niels Stensen: Eine Biographie* (Leipzig: St. Benno, 1987-1988).
Schuchard (Margaret) (ed.), *Bernhard Varenius (1622-1650)* (Leiden: Brill, 2007).
——, "Varenius and His Family: A Dynasty Dedicated to Scholarship and Rooted in Christian Philosophy," in Schuchard (2007), 11-26.
Shackelford (Jole), *A Philosophical Path for Paracelsian Medicine: The Ideas, Intellectual Context, and Influence of Petrus Severinus (1540/2-1602)* (København: Museum Tusculanum Press, 2004).
Shalev (Zur) & Burnett (Charles) (eds.), *Ptolemy's Geography in the Renaissance* (London: The Warburg Institute, 2011).
Shapiro (Barbara J.), *John Wilkins 1614-1672: An Intellectual Biography* (Berkeley: University of California Press, 1969).
——, "History and Natural History in Sixteenth- and Seventeenth-Century England: An Essay on the Relationship between Humanism and Science," in *English Scientific Virtuosi in the 16th and 17th Centuries*, ed. Barbara Shapiro & Robert G. Frank Jr. (Los Angeles: Clark Memorial Library, 1979), 1-55.
Sherman (William H.), *John Dee: The Politics of Reading and Writing in the English Renaissance* (Amherst: University of Massachusetts Press, 1995).
Smith (Pamela), *The Business of Alchemy: Science and Culture in the Holy Roman Empire* (Princeton: Princeton University Press, 1994).
Sobiech (Frank), "Nicholas Steno's Way from Experience to Faith: Geological Evolution and the Original Sin of Mankind," in Rosenberg (2009), 179-186.
Solinas (Giovanni), "La *Protogaea* di Leibniz ai margini della rivoluzione scientifica," in S*aggi sull'illuminismo*, ed. Giovanni Solinas (Cagliari: Publicazioni dell'Istituto di Filosofia, 1973), 7-70.
Spruit (Leen) & Totaro (Pina), *The Vatican Manuscript of Spinoza's* Ethica (Leiden: Brill, 2011).

Stolzenberg (Daniel), *Egyptian Oedipus: Athanasius Kircher and the Secrets of Antiquity* (Chicago: University of Chicago Press, 2013).

Sticker (Bernhard), "Naturam cognosci per analogiam: Das Prinzip der Analogie in der Naturforschung bei Leibniz," *Studia Leibnitiana Supplementa* 2 (1969), 176–196.

Torrens (Hugh), "Early Collecting in the Field of Geology," in Impey & MacGregor (1985), 204–213.

Totaro (Pina), "'Ho certi amici in Ollandia': Stensen and Spinoza: Science verso [sic] Faith," in *Niccolò Stenone (1638–1686): anatomista, geologo, vescovo*, ed. Karen Ascani et al. (Roma: L'Erma di Bretscheneider, 2002), 27–38.

Turner (Anthony J.), "Hooke's Theory of the Earth's Axial Displacement: Some Contemporary Opinion," *The British Journal for the History of Science* 7 (1974), 166–170.

Vai (Gian Battista), "Aldrovandi's Will: Introducing the Term 'Geology' in 1603," in Vai & Cavazza (2003), 65–110.

van Bunge (Wiep), *From Stevin to Spinoza: An Essay on Philosophy in the Seventeenth-Century Dutch Republic* (Leiden: Brill, 2001).

Verbeek (Theo), "The Invention of Nature: Descartes and Regius," in Gaukroger et al. (2000), 149–167.

Vermij (Rienk), "Subterranean Fire: Changing Theories of the Earth during the Renaissance," *Early Science and Medicine* 3 (1998), 323–347.

——, "Varenius and the World of Learning in the Dutch Republic," in Schuchard (2007), 100–115.

Voisé (Waldemar), "On Historical Time in the Works of Leibniz," in *The Study of Time*, ed. Julius T. Fraser & Nathaniel Lawrence (Berlin: Springer, 1975), II, 111–121.

Waddell (Mark A.), *Jesuit Science and the End of Nature's Secrets* (Aldershot: Ashgate, 2015).

Warntz (William), "Newton, The Newtonians, and the *Geographia Generalis Varenii*," *Annals of the Association of American Geographers* 79 (1989), 165–191.

Whitehead (Peter J. P.) & Boeseman (Marinus), *A Portrait of Dutch Seventeenth-Century Brazil: Animals, Plants and People by the Artists of John Maurits of Nassau* (Amsterdam: North-Holland Publishing, 1989).

Wilson (Catherine), *The Invisible World: Early Modern Philosophy and*

the Invention of the Microscope (Princeton: Princeton University Press, 1995).
Wilson (Leonard G.), "William Croone's Theory of Muscular Contraction," *Notes and Records of the Royal Society of London* 16 (1961), 158-178.
Wilson (Wendell E.), *The History of Mineral Collecting, 1530-1799* (Tuscon: Mineralogical Record, 1994).
Wright (Anthony D.), *The Counter-Reformation: Catholic Europe and the Non-Christian World* (London: Weidenfeld & Nicolson, 1982).
Yamada (Toshihiro), "Leibniz's Unpublished Drawings in a *Protogaea* Manuscript," *JAHIGEO Newsletter* 3 (2001), 4-6.
——, "Stenonian Revolution or Leibnizian Revival?: Constructing Geo-History in the Seventeenth Century," *Historia Scientiarum* 13 (2003), 75-100.
——, "Hooke-Steno Relations Reconsidered: Reassessing the Roles of Ole Borch and Robert Boyle," in Rosenberg (2009), 107-126.

2-2. 邦語の研究文献

アザール（ポール）『ヨーロッパ精神の危機』野沢協訳（法政大学出版局、1973年）.
アシュワース・Jr（ウィリアム・B）「カトリック思想と初期近代科学」、D・C・リンドバーグ他編『神と自然：歴史における科学とキリスト教』渡辺正雄監訳（みすず書房、1994年）、149-182頁.
アルパース（スヴェトラーナ）『描写の芸術：十七世紀のオランダ絵画』幸福輝訳（ありな書房、1995年）.
安西なつめ・澤井直・坂井建雄「ニコラウス・ステノによる筋の幾何学的記述：一七世紀における筋運動の探究」『日本医史学雑誌』第60巻（2014年）、21-35頁.
伊藤和行『ガリレオ：望遠鏡が発見した宇宙』（中公新書、2013年）.
ウェストフォール（リチャード・S）『アイザック・ニュートン』田中一郎・大谷隆昶訳（平凡社、1993年）.
上野修「スピノザの聖書解釈：神学と哲学の分離と一致」『デカルト、ホッブズ、スピノザ：哲学する十七世紀』（講談社、2011年）、103-122頁.
エイトン（エリック・ジョン）『ライプニッツの普遍計画：バロックの天才の生涯』渡辺正雄他訳（工作舎、1990年）.
エスピーナス（マーガレット）『ロバート・フック』横家恭介訳（国文社、1999年）.
榎本恵美子「雪と花のかたち」、渡辺正雄編著『ケプラーと世界の調和』（共

立出版、1991 年)、199-220 頁.
——『天才カルダーノの肖像：ルネサンスの自叙伝、占星術、夢解釈』(勁草書房、2013 年).
岡崎勝世『聖書 vs. 世界史：キリスト教的歴史観とは何か』(講談社、1996 年).
——『キリスト教的世界史から科学的世界史へ：ドイツ啓蒙主義歴史学研究』(勁草書房、2000 年).
小澤実「ゴート・ルネサンスとルーン学の成立」『知のミクロコスモス：中世・ルネサンスのインテレクチュアル・ヒストリー』(中央公論新社、2014 年)、69-97 頁.
小野鐵二「ペトルス・アピアヌスの『コスモグラフィア』最初の諸版について」、石橋五郎編『小川博士還暦祝賀史学地理学論叢』(京都：弘文堂、1930 年)、961-1034 頁.
——『西洋地理学史』(岩波書店、1932 年).
カトラー（アラン）『なぜ貝の化石が山頂に？：地球に歴史を与えた男ニコラウス・ステノ』鈴木豊雄訳（清流出版、2005 年).
金子務『オルデンバーグ：十七世紀科学・情報革命の演出者』(中央公論社、2005 年).
菊地原洋平『パラケルススと魔術的ルネサンス』(勁草書房、2013 年).
工藤喜作「スピノザと自然：ヘルダーと関連して」『思想』第 637 号（1977 年)、20-30 頁.
グラフトン（アンソニー)『テクストの擁護者たち：近代ヨーロッパにおける人文学の誕生』福西亮輔訳（勁草書房、2015 年).
グールド（スティーヴン・ジェイ)「ティティオポリスの名義司教」『ニワトリの歯：進化論の新地平』渡辺政隆・三中信宏訳（早川書房、1988 年)、上巻 89-102 頁.
——『時間の矢・時間の環』渡辺政隆訳（工作舎、1990 年).
桑原隲藏「大秦景教流行中國碑に就いて」『桑原隲藏全集』(岩波書店、1968 年)、第 1 巻 386-409 頁.
コーエン（クローディーヌ)『マンモスの運命：化石ゾウが語る古生物学の歴史』菅谷暁訳（新評論、2003 年).
ゴオー（ガブリエル)『地質学の歴史』菅谷暁訳（みすず書房、1997 年).
ゴドウィン（ジョスリン)『キルヒャーの世界図鑑』川島昭夫訳（工作舎、1986 年).
コレルス（ヨハネス)「スピノザの生涯」『スピノザの生涯と精神』渡辺義雄訳（学樹書院、1996 年)、93-156 頁.
近藤洋逸『デカルトの自然像』(岩波書店、1959 年).

小林道夫「デカルトの自然哲学と自然学」、デカルト（1988年）、v-c頁.
小林道夫編『哲学の歴史』第5巻（中央公論新社、2007年）.
酒井潔『ライプニッツ』（清水書院、2008年）.
佐々木力『デカルトの数学思想』（東京大学出版会、2003年）.
佐々木能章『ライプニッツ術』（工作舎、2002年）.
下村寅太郎『ライプニッツ』（みすず書房、1983年）.
谷本勉「ライプニッツの地質学：『プロトガイア』再考」、酒井潔他編『ライプニッツ読本』（法政大学出版局、2012年）、103-112頁.
ディア（ピーター）『知識と経験の革命：科学革命の現場で何が起こったか』高橋憲一訳（みすず書房、2012年）.
ディーバス（アレン・G）『近代錬金術の歴史』川﨑勝・大谷卓史訳（平凡社、1999年）.
手島勲矢『ユダヤの聖書解釈：スピノザと歴史批判の転回』（岩波書店、2009年）.
所雄章『デカルト』（講談社、1981年）.
中島秀人『ロバート・フック』（朝倉書店、1997年）.
ナドラー（スティーヴン）『スピノザ：ある哲学者の人生』（人文書館、2012年）.
ニコルソン（マージョリー・ホープ）『暗い山と栄光の山』小黒和子訳（国書刊行会、1989年）.
バイエ『デカルト伝』（アドリアン）井沢義雄・井上庄七訳（講談社、1979年）.
速水敬二『ルネサンス期の哲学』（筑摩書房、1967年）.
バルトルシャイティス（ユルギス）「絵のある石」『アベラシオン：形態の伝説をめぐる四つのエッセー』種村季弘・巌谷國士訳（国書刊行会、1991年）、89-153頁.
ハンター（マイケル）『イギリス科学革命：王政復古期の科学と社会』大野誠訳（南窓社、1999年）.
ヒライ（ヒロ）「ルネサンスの種子の理論：中世哲学と近代科学をつなぐミッシング・リンク」『思想』第944号（2002年）、129-152頁.
——「ルネサンスにおける世界精気と第五精髄の概念：ジョゼフ・デュシェーヌの物質理論」『ミクロコスモス：初期近代精神史研究』（月曜社、2010年）、39-69頁.
ファン・ベルケル（クラース）『オランダ科学史』塚原東吾訳（朝倉書店、2000年）.
フィンドレン（ポーラ）『自然の占有：ミュージアム、蒐集、そして初期近代イタリアの科学文化』伊藤博明・石井朗訳（ありな書房、2005年）.

フーコー（ミシェル）『言葉と物』渡辺一民・佐々木明訳（新潮社、1974 年）.
フレンチ（ピーター・J）『ジョン・ディー：エリザベス朝の魔術師』高橋誠訳（平凡社、1989 年）.
フロイデンタール（ヤーコプ）『スピノザの生涯』工藤喜作訳（哲書房、1982 年）.
ヘンリー（ジョン）『一七世紀科学革命』東慎一郎訳（岩波書店、2005 年）.
ポーター（アンドリュー・N）『大英帝国歴史地図』横井勝彦・山本正訳（原書房、1996 年）.
ポプキン（リチャード）『懐疑：近世哲学の源流』野田又夫・岩坪紹夫訳（紀伊國屋書店、1981 年）.
ポミアン（クシシトフ）『コレクション：趣味と好奇心の歴史人類学』吉田城・吉田典子訳（平凡社、1992 年）.
本間栄男「一六・一七世紀のルネサンス生理学と機械論的生理学の構成」『哲学・科学史論叢』第 5 号（2003 年）、1-36 頁.
――「『エピクロスへの註釈』（1649 年）におけるガサンディの生理学」『化学史研究』第 31 巻（2004 年）、163-178 頁.
マイネッケ（フリードリッヒ）『歴史主義の生成』菊盛英夫・麻生建訳（筑摩書房、1967 年）.
宗像恵「ガッサンディ」、小林編（2007 年）、127-154 頁.
山田俊弘「ニコラウス・ステノの洞穴に関する手紙」『徳島科学史雑誌』第 10 号（1991 年）、5-10 頁；第 11 号（1992 年）、11-16 頁.
――「君主と鉱物：エラスムス・バルトリン『氷州石の実験』（1669）の含意するもの」『科学史・科学哲学』第 17 号（2003 年）、69-87 頁.
――「フック地震論とステノ固体論の比較：鉱物コレクションを基礎として」『科学史研究』第 47 巻（2008 年）、13-25 頁.
――「ニコラウス・ステノ、その生涯の素描：新哲学、バロック宮廷、宗教的危機」『ミクロコスモス：初期近代精神史研究』（月曜社、2010 年）、236-253 頁.
山本義隆『重力と力学的世界：古典としての古典力学』（現代数学社、1981 年）.
吉本秀之「ボイルとスピノザ」『スピノザーナ』第 3 号（2002 年）、23-45 頁.
――「ボイル思想の自然誌的背景」『東京外国語大学論集』第 67 号（2004 年）、85-105 頁.
ラドウィック（マーティン）『太古の光景』菅谷暁訳（新評論、2009 年）.
――『化石の意味：古生物学史挿話』菅谷暁・風間敏訳（みすず書房、2013 年）.
リーゼンフーバー（クラウス）「歴史哲学と歴史理解」『思想』第 667 号

(1980年)、57-77頁.
ロジェ（ジャック）『大博物学者ビュフォン：一八世紀フランスの変貌する自然観と科学・文化誌』ベカエール直美訳（工作舎、1992年）.
ロディス＝レヴィス（ジュヌヴィエーヴ）『デカルトの著作と体系』小林道夫・川添信介訳（紀伊國屋書店、1990年）.
――『デカルト伝』飯塚勝久訳（未来社、1998年）.

図版一覧

第5章

第6章

第7章

第8章

bibliotheca hermetica 叢書

ジオコスモスの変容

デカルトからライプニッツまでの地球論

2017年 2 月25日　第 1 版第 1 刷発行

著　者　山《やま》　田《だ》　俊《とし》　弘《ひろ》

編　集　ヒロ・ヒライ

発行者　井　村　寿　人

発行所　株式会社　勁《けい》　草《そう》　書　房

112-0005 東京都文京区水道2-1-1　振替　00150-2-175253

（編集）電話 03-3815-5277／FAX 03-3814-6968

（営業）電話 03-3814-6861／FAX 03-3814-6854

本文組版 プログレス・精興社・松岳社

ISBN978-4-326-14829-5　　Printed in Japan

http://www.keisoshobo.co.jp

bibliotheca hermetica 叢書

続々刊行予定

ヒロ・ヒライ監修　Ａ５判上製カバー装　予価3,000〜5,500円

哲学と歴史を架橋し、テクスト成立の背景にあった「知のコスモス」に迫るインテレクチュアル・ヒストリー。その魅力をシリーズでご紹介していきます。

——**大いなる知の空間たる『ヘルメスの図書館』、ここに誕生！**——

『天才カルダーノの肖像　ルネサンスの自叙伝、占星術、夢解釈』

榎本恵美子……著

本体5,300円＋税　14826-4

『パラケルススと魔術的ルネサンス』

菊地原洋平……著

本体5,300円＋税　14827-1

『テクストの擁護者たち　近代ヨーロッパにおける人文学の誕生』

A・グラフトン……著　福西亮輔……訳

本体7,500円＋税　14828-8

『ジオコスモスの変容　デカルトからライプニッツまでの地球論』

山田俊弘……著

本書

『錬金術の秘密』

L・M・プリンチーペ……著　ヒロ・ヒライ……訳

未刊

『評伝・パラケルスス』

U・ベンツェンホーファー……著　澤元亙……訳

未刊

勁草書房刊

A・グラフトン　榎本恵美子・山本啓二訳

カルダーノのコスモス

ルネサンスの占星術師

ルネサンスの科学と文化を映す鏡とも言える博学の天才カルダーノ。その占星術師としての活躍に焦点を当て、彼の生きた時代と社会のなかで占星術が持っていた意味を探る。（2007・12）

四〇〇〇円／A5判／三六八頁
ISBN978-4-326-10175-7

D・グタス　山本啓二訳

ギリシア思想とアラビア文化

初期アッバース朝の翻訳運動

アッバース朝はギリシアの科学・哲学をなぜ、どのようにしてアラビア世界に導入したのか。社会的・イデオロギー的要因から解明する。（2002・12）

三八〇〇円／A5判／二八〇頁
ISBN978-4-326-20045-0

J・マレンボン　中村　治訳

初期中世の哲学

480-1150

西欧文明の紀源をたずね、プラトン、アリストテレスの受容を契機とする中世初期、ボエティウス、スコトゥス、アベラルドゥスの論理学／自然学／文法学／神学をさぐる。（1992・5）

四〇〇〇円／A5判／二九六頁
ISBN978-4-326-10094-1

J・マレンボン　加藤雅人訳

後期中世の哲学

1150-1350

中世大学の制度、学問の方法（論理学）、テキスト（アリストテレスやギリシャ、アラビア、ユダヤの哲学）の分析から入り、トマス、スコトゥス、オッカムの知識認識に迫る。（1989・7）

四〇〇〇円／A5判／二九六頁
ISBN978-4-326-10080-4

矢野道雄

星占いの文化交流史

星占いの起源と歴史を知っていますか？　私たちの古代・中世イメージを覆す、科学としての占星術とそのグローバルな伝播の実際に迫る！（2004・11）

二〇〇〇円／四六判／二二四頁
ISBN978-4-326-19927-3

勁草書房刊

＊表示価格は2017年2月現在。消費税は含まれておりません。